AF230180

8° Z
LE SENNE
3550

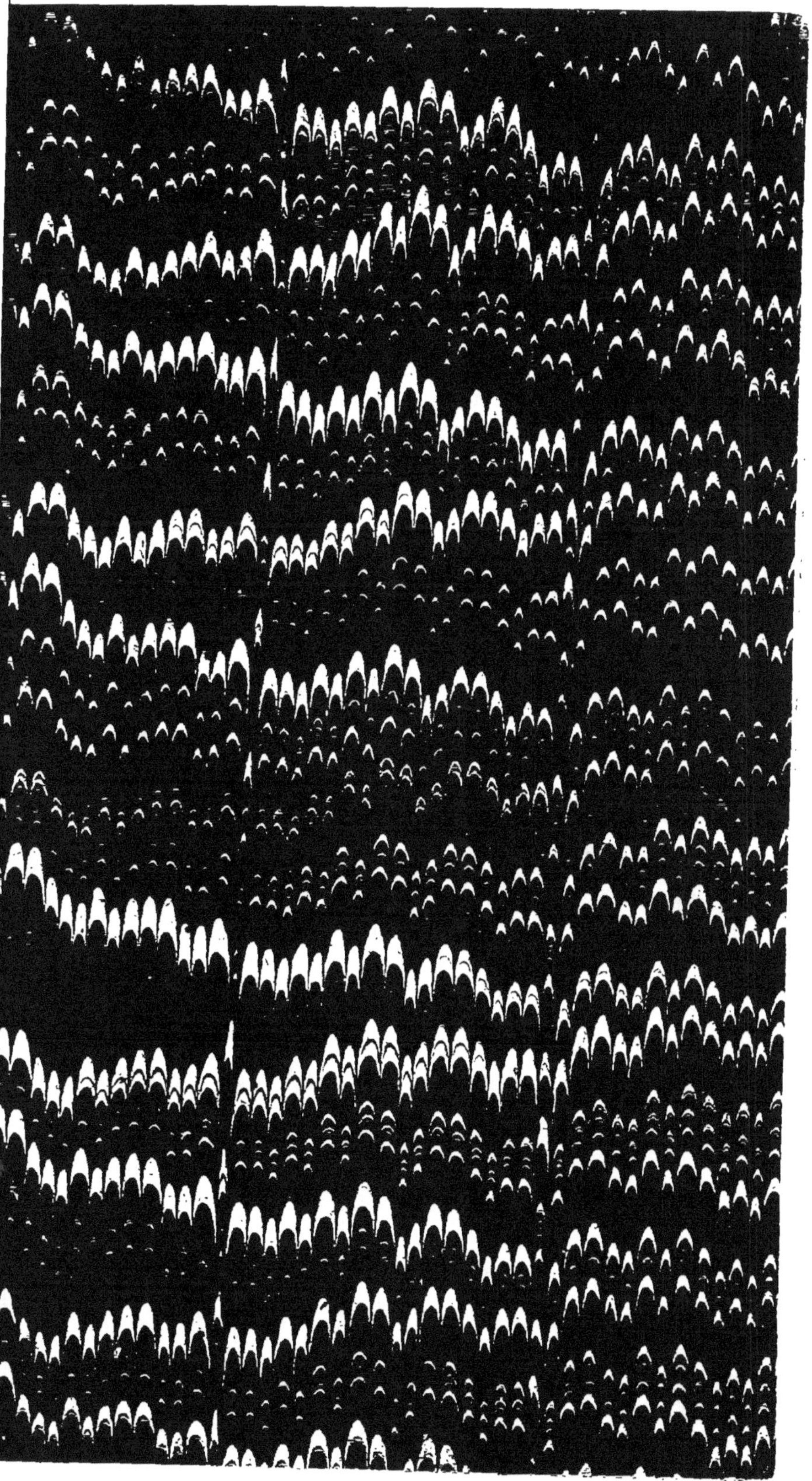

# VINS A LA MODE

## ET

# CABARETS AU XVIIᵉ SIÈCLE

Tiré à petit nombre pour les amateurs.

PETITE BIBLIOTHÈQUE DES CURIEUX

---

# VINS A LA MODE

ET

# CABARETS AU XVII<sup>e</sup> SIÈCLE

PAR

## ALBERT DE LA FIZELIÈRE

*Frontispice à l'eau-forte de Maxime Lalanne*

PARIS

CHEZ RENÉ PINCEBOURDE, ÉDITEUR

A LA LIBRAIRIE RICHELIEU

78, RUE RICHELIEU, 78

---

M D CCC LXVI

ES Français ont-ils de l'esprit ! s'écriait le comte de Pœlnitz en sortant avec le prince de Ligne d'une petite orgie de bonne compagnie, qui avait eu lieu entre auteurs, courtisans et jolies femmes.

— Parbleu ! c'est bien malin, répliqua le prince...., quand on a des vins comme ceux-là ! »

En effet, le vin est un sublime inspirateur, et tant qu'il est resté chez nous la boisson nécessaire et exclusive, notre littérature a éclairé l'univers de l'éclat majestueux de ses explosions.

On dit qu'elle pâlit en ce moment,

s'étiole et menace de s'éteindre dans une méprisable corruption.

Si cela est vrai, n'en accusons que la rareté toujours croissante du vrai vin, l'envahissement de la bière et la contagion de l'absinthe.

C'est dans la seconde moitié du XVI<sup>e</sup> siècle et durant le XVII<sup>e</sup> que la poésie française a atteint les hauteurs radieuses d'où elle rayonne sur le monde intellectuel. Ces grandes époques sont aujourd'hui l'objet des études et des recherches des historiens littéraires. En fait d'investigations historiques, il n'y a pas de renseignements à dédaigner; le moindre détail a son importance, et tel fait, d'apparence frivole, peut à son heure éclairer une question.

Nos anciens poëtes ont puisé leurs plus vaillantes inspirations au fond d'un broc fumeux; la table de chêne du cabaret hospitalier leur a souvent tenu lieu de pupitre.

Le présent livret a pour but de donner aux curieux une idée exacte de l'origine de nos meilleurs vins et la nomenclature authentique de cabarets hantés de 1580 à 1700 par les fameux poëtes qui ont rempli ces grandes phases littéraires qu'on appelle la Renaissance et le Siècle de Louis XIV.

La plus grande faveur à laquelle il ose aspirer, c'est que les bibliophiles disent de lui : qu'il renferme beaucoup de faits sous un mince volume.

# VINS A LA MODE

## ET

## CABARETS AU XVIIᵉ SIÈCLE

---

### LE VIN

—

Personne ne sait au juste à quelle époque de l'histoire connue remonte l'invention du vin. Il est probable qu'on en faisait longtemps avant Noé. La Bible assure pourtant que le bonhomme ne planta la vigne que pour suppléer l'eau, dont le goût primitif s'était singulièrement détérioré par l'adjonction forcée des cataractes du déluge. Y avait-il donc en ces âges bénis des ruisseaux de lait et de miel semblables à ceux que nous a prédits Fourier pour les temps de l'harmonie universelle ? Je ne le pense pas, et si les hommes avaient déjà assez d'esprit pour avoir pu s'attirer par leur malice le châtiment de Dieu, c'est qu'assurément ils avaient goûté le jus divin. D'ailleurs, pour planter la vigne, il fallut bien que Noé la prît quelque part.

Depuis ce fameux patriarche, la noble plante a fait son chemin, grâce aux passe-ports que Saturne, Bacchus, Osiris lui donnèrent pour la postérité dans les trois parties du monde ancien.

Son nom seul implique déjà l'excellence de cet arbre divin, dont l'essence est le plus puissant reconfortant du corps humain. Les latins l'ont appelé *vitis*, vigne, expression formée du mot antérieur *vita*, vie.

L'histoire de la vigne serait facile à faire depuis Noé, si l'on voulait prendre la peine de la suivre dans les auteurs sacrés et profanes, qui tous l'ont célébrée, ou tout au moins ont proclamé l'influence qu'elle a eue sans cesse sur les destins de l'humanité.

La réputation des vins illustres n'est authentique que depuis les chants et les livres des Grecs ou des Romains. C'est ainsi que la renommée des vins de Chio, de Lesbos, de Clazomène, et celle non moins étendue de l'amiela, du falerne, du massique et du fondi, est venue jusqu'à nous.

Un poëte nous a conservé la manière de faire le vin dans le Péloponèse. Le fameux *dyachiton*, le malvoisie des anciens Grecs, se fabriquait ainsi :

On mettait sécher les raisins au soleil, sur des claies élevées de cinq à six coudées au-dessus du sol. On les rentrait à la nuit, afin de les préserver de la rosée, et après les avoir ainsi fait confire pendant sept jours, on les mettait au pressoir.

Notre vin de paille de Provence ne se fait pas autrement. Les Phocéens auront apporté à Marseille la recette du dyachiton.

Chez les anciens, le sarment de vigne était un bois noble, et l'homme qui avait été frappé d'un coup de canne en bois de vigne n'encourait aucune infamie.

L'idée qu'on se forme de la vigne l'a toujours fait regarder comme un arbre privilégié, et depuis Domitien, qui eut la mauvaise inspiration de la faire arracher dans les Gaules, parce qu'il craignait qu'elle n'inspirât à ses voisins des idées d'indépendance ou de conquête, elle a été l'objet de la sollicitude de tous les princes qui se sont succédé dans notre pays.

Probus répara le dommage causé par Domitien. Plus tard, Julien, qui fit tant pour Lutèce, célébra le vin d'Argenteuil. Clovis menaça de mort tout homme qui arracherait méchamment un pied de sarment. Philippe-Auguste fit un édit d'après lequel un homme convaincu d'avoir cueilli du raisin dans la vigne d'autrui serait condamné à perdre une oreille ou à payer cinq sols.

Il est resté de cet édit un dicton que Béroald de Verville, Rabelais et quelques poëtes du XVIᵉ et du XVIIᵉ siècle ont souvent cité : « Vin d'une oreille, » disait-on alors pour indiquer que telle ou telle sorte de vin était si parfaite, que pour s'en procurer on pouvait bien risquer une oreille. A la même époque, on nommait vin de trois feuilles et maître vin celui qui avait trois années de bouteille, ou, autrement dit, qui avait vu trois fois pousser la feuille nouvelle.

En 1350, le roi Jean créa le corps des courtiers en vins et fixa à quatre-vingts le nombre des jurés vendeurs de Paris.

En 1656, Louis XIV ordonna la construction d'une halle aux vins près la porte Saint-Bernard, afin de faciliter les transactions du commerce de Paris avec les marchands forains.

En 1629, Louis XIII avait donné des armoiries au corps des marchands de vins de Paris. Ils portaient d'azur au navire d'argent surmonté de la bannière de France et accompagné de six petites nefs de même à l'entour avec une grappe de raisin de gueules en chef. Cette réunion de métaux et de couleurs rappelait les trois nuances des vins du pays : blanc, rouge et bleu. Aujourd'hui, on pourrait ajouter à ces armoiries une devise empruntée à la jolie chanson de Gustave Mathieu :

> Oui, Jean-Raisin porte en son flanc
> La foi, l'amour et l'espérance ;
> C'est le vieux pavillon de France
> Aux trois couleurs, bleu, rouge et blanc.

Enfin, en 1792, quand la Convention institua le nouveau calendrier républicain, elle fit commencer l'année au premier jour du mois de la vendange (vendémiaire) et consacra ce jour au raisin. Le dixième jour, correspondant au 1er octobre, fut consacré au pressoir, et le vingtième à la cave.

Ceux qui ont proscrit la vigne ont toujours eu de graves raisons pour le faire. Mahomet était épileptique, et le vin provoquait chez lui des accès terribles de cette maladie; il en défendit l'usage à ses disciples. Cela ne le guérit pas; mais des excès d'une autre nature, que le Coran autorisait et prescrivait même, en certaines occasions, ne trouvant pas une compensation nécessaire dans l'absorption de cette liqueur réparatrice, il s'ensuivit que les Musulmans n'ont pas cessé, depuis lors, de s'énerver et de décroître en force et en beauté.

On ne pourrait plus guère dire aujourd'hui : « Fort comme un Turc. »

A une époque où les sectateurs de Mahomet s'étaient un peu relâchés de la stricte observation de cette loi, le sultan Amurat interdit complétement le vin en Turquie, fit raser, en 1634, tous les cabarets de son empire, défoncer les tonneaux et répandre le vin dans les rues. Il prit cette mesure à l'instigation du grand iman, qui, voyant Amurat enclin à l'ivrognerie, trouva le moyen de l'acharner à la stricte observation de la loi. O vanité des précautions humaines! six ans plus tard, Amurat mourut d'un excès de boisson : le malheureux, ayant proscrit le vin, s'était adonné à l'eau-de-vie.

Charles IX aussi s'avisa d'ordonner la suppression des vignobles, dont la culture nuisait, selon l'édit, à celle des terres labourables. Qui sait si ce mépris du vin ne fut pas la cause déterminante de la décomposition du sang dont il mourut si misérablement ?

La vigne fut introduite dans les Gaules, vers l'année 390 avant Jésus-Christ, par un marchand helvétien nommé, dit-on, Elicotius.

Cet homme, allant dans son pays après un séjour à Rome, traversait les Alpes avec un chargement considérable de vins, de figues, de raisins, d'olives, etc. Il entra dans une bourgade un jour de grande fête, tandis que le peuple était rassemblé ; il étala ses marchandises, et les Gaulois goûtèrent le vin. Ce fut un succès d'enthousiasme.

Elicotius retourna en Toscane et établit avec eux un véritable commerce, à la suite duquel ils voulurent essayer de récolter par eux-mêmes la bienfaisante liqueur.

Ils plantèrent la vigne, et le monde vit naître les fameux crus de France. Avant cette époque, les Phéniciens avaient déjà apporté la vigne à Marseille ; mais les Marseillais l'avaient gardée pour eux.

Jusqu'au XIII<sup>e</sup> siècle, on a peu de renseignements sur les vins de France. On sait que sous Charles le Chauve les vins de Rueil et de Charlevanne (aujourd'hui Bougival) avaient acquis une grande renommée ; puis, vers l'an 1100, le comte de Toulouse, Raymond de Saint-Gilles, envoya de Constantinople des ceps de vigne qu'il ordonna de planter en Languedoc. Nos vignobles de Frontignan, Lunel et Rivesaltes tirent de là leur origine. Mais la première fois qu'il fut parlé des vignobles français avec quelque détail, c'est dans le fabliau de *la Bataille des vins*, attribué à Rutebœuf, et composé pour égayer Philippe le Hardi, qui, dans une petite débauche de carnaval, avait chargé son chapelain de lui établir une hiérarchie des vins de l'Europe.

Dans ce tableau d'honneur le chypre fut déclaré pape, l'aquila cardinal, et, — qui le croirait? — l'argenteuil fut nommé roi. *Quantum mutatus ab illo !*

Nos pères ont attaché une grande importance à établir, suivant les règles d'un goût épuré jusqu'à la minutie, la véritable hiérarchie des bons vins.

Quelques poëtes ont parlé d'un ordre des coteaux dont auraient fait partie les plus fins gourmets de la cour. Boileau, dans sa troisième satire du *Repas ridicule,* cite un

> … Certain hâbleur, à la gueule affamée,
> Qui vint à ce festin conduit par la fumée,
> Et qui s'est dit profès dans l'ordre des coteaux

Le P. Bouhours assure que les fondateurs de cet ordre furent le commandeur de Souvré, le duc de Mortemart et le marquis de

2

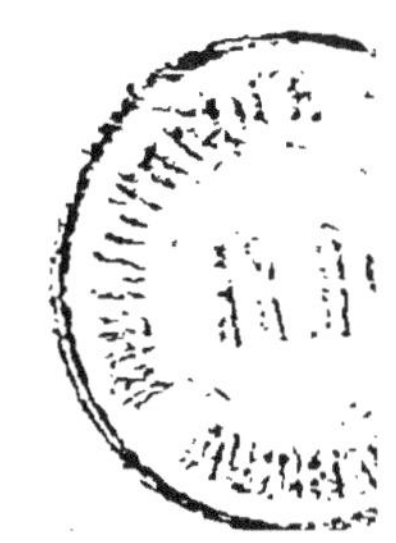

Silleri. Ce dernier avait de bonnes raisons pour préférer le vin de son cru.

Ménage cite d'autres noms (*Dictionn. étymol.*, au mot COSTEAU). Selon lui les maîtres de l'ordre étaient le marquis de Bois-Dauphin, du nom de Laval, le comte d'Olonne, du nom de Latrémouille ; l'abbé de Villarceau, du nom de Mornay, et du Broussin, du nom de Brûlart.

Mais Des Maizeaux, en sa *Vie de Saint-Evremond*, ramène la fondation de cet ordre prétendu aux simples proportions d'une saillie de conversation. « M. de Saint-Evremond, dit-il, se rendit fameux par son raffinement sur la bonne chère. » Mais dans la bonne chère, il cherchait moins la somptuosité que la délicatesse. Tels étaient les repas du commandeur de Souvré, du comte d'Olonne et de quelques autres seigneurs qui tenaient table. Il y avait entre eux une espèce d'émulation à qui ferait paraître un goût plus fin et plus délicat. Mgr de Lavardin, évêque du Mans, s'était aussi mis sur les rangs.

Un jour que M. de Saint-Evremond mangeait chez lui, il se prit à le railler sur sa délicatesse et sur celle du comte d'Olonne et du marquis de Bois-Dauphin. « Ces messieurs, dit ce prélat, outrent tout à force de vouloir raffiner sur tout. Ils ne sauraient manger que du veau de rivière ; il faut que leurs perdrix viennent d'Auvergne, que leurs lapins soient de la Roche-Guyon ou de Versine. Ils ne sont pas moins difficiles sur les fruits ; et pour le vin, ils n'en sauraient boire que des *trois-coteaux* d'Aï, d'Haut-Villiers et d'Avenay. »

« M. de Saint-Evremond plaisanta là-dessus ses amis en tant de façons, qu'on les appela les *trois-coteaux*. »

Il n'en fallut pas davantage, tant la réputation de goût de ces messieurs était bien établie, pour faire de cette épithète de coteau un titre d'honneur qu'on appliquait indistinctement à tous les connaisseurs.

C'est à peu près ce qui a eu lieu pour le titre de *cordon bleu*, donné aux excellentes cuisinières.

MM. de Souvré, d'Olonne, de Lavardin, de Mortemart, de Laval, etc., qui tenaient table ouverte, étaient cordons bleus. Leur cuisine avait une célébrité telle, qu'on disait, en parlant d'un bon dîner : C'est un

vrai repas de cordon bleu ; et d'une cuisinière supérieure : C'est une cuisinière de
cordon bleu ; puis, par abréviation : C'est
un cordon bleu. Le nom resta et subsiste
encore.

Dès le XIV<sup>e</sup> siècle, et longtemps après
cette époque, le vin d'Orléans jouit du
privilége honorable de faire les frais de la
table des rois, faveur qu'il partage avec le
suresne, non pas celui qu'on récolte aux
portes de Paris, mais un suresne fort
goûté dans les environs de Vendôme, et
qui était réputé généreux et gaillard.

Le vin d'Orléans, qui n'a plus aujour-
d'hui qu'une maigre réputation de vin
ordinaire, possède des titres de noblesse
qui n'ont guère d'égaux en France. Une
ancienne ballade nous apprend que ces
merveilleux vins du Rhin, dont l'Allemagne
est si fière, sont originaires d'Orléans.

Les vignobles de Johannisberg ont eu
pour point de départ quelques ceps de
vigne envoyés de l'Orléanais, et dont les
raisins fournissaient :

Cet auvernas fameux, qui, mêlé de lignage,
Se vendait chez Crenet pour vin de l'Ermitage.
(BOILEAU, sat. III, vers. 73.)

Cet *auvernas* provenait d'un plant exquis, jadis venu d'Auvergne, et merveilleusement acclimaté dans l'Orléanais.

Le fameux vin de Constance, au Cap, a la même origine. Lors de la révocation de l'édit de Nantes, des vignerons d'Orléans se réfugièrent dans les Pays-Bas, et passèrent de là au cap de Bonne-Espérance, qui appartenait alors à la Hollande. Ils avaient emporté quelques pieds de vigne qu'ils plantèrent dans ces contrées fertiles, sous un soleil de feu. On sait ce qui en est advenu.

Comme tous les arbres et toutes les plantes utiles auxquelles la Providence a donné la facilité de végéter et de se reproduire partout, une tige de vigne reprend même après avoir été séparée du tronc pendant plusieurs jours.

On s'entretenait naguère d'un seul pied de vigne qui avait produit quatre cent et quelques grappes; c'est peu de chose auprès du fameux cep de Besançon, qui, de 1730 à 1740, produisit une moyenne de cinq mille grappes par an.

Nous avons vu que les vins de l'Orléanais étaient les vins de France le plus anciennement célèbres, avec ceux de Paris ; je me plais à croire que c'était là, de la part de nos rois, une question d'amour-propre commune à tous les propriétaires. Il est difficile, en effet, de se figurer que le bourgogne et le bordeaux n'avaient alors aucune qualité sérieuse. Leur seul défaut était sans doute d'appartenir au duc de Bourgogne et aux Anglais.

Henri IV, ce vert-galant qui avait le triple talent d'aimer, de boire et de battre, ne déguisait pas ses préférences sous un aussi frivole prétexte.

Il aimait, quand la table était desservie, à chanter en tête à tête avec son verre et sa mie, ce couplet qu'il avait pris la peine de composer lui-même dans un aimable accès de verve bachique :

> Çà, petit page, verse à moi !
> Si le sceptre est chose pesante,
> Mon verre, plus léger de soi,
> Jamais vide ne se présente.
> Ce vin n'est chrétien comme moi :
> Néanmoins, pas un ne blasphème,
> Pour ce qu'il n'eut onc le baptême

> Voici que je bois
> De mon vieil arbois (1) !
> Chantons, messieurs, à perdre haleine :
> Hosanna, Bacchus et Silène !

Il n'y a pas beaucoup plus d'un siècle que le vin de Bordeaux est apprécié en France. Il doit ses brillants destins au duc de Richelieu. C'est en revenant de Mahon qu'il attacha de sérieuses réflexions et donna son approbation au bouquet d'un médoc qu'on lui servit sur son passage. Le bruit qu'il en fit à son retour à Paris assura la fortune de ces vignobles, et le bordeaux fit le tour du monde.

Les voyages forment la jeunesse : il revint plus parfait aux lieux qui l'avaient vu naître.

On a écrit que le vin de Champagne a dû sa première réputation aux dîners de MM. Colbert et Letellier. Les riches vignobles que ces deux ministres ont possé-

---

(1) Le vin d'Arbois, formé, par une judicieuse combinaison, du raisin Pulsart et du Sauvignon blanc, offre des qualités analogues à celles du madère. C'est sans doute cette ressemblance qui avait séduit Henri IV, et lui faisait préférer le petit vin blanc d'Arbois à tout autre vin de France.

dés dans le pays de Reims ont pu donner créance à ce bruit. D'autre part, on prétend que le maréchal d'Estrée intronisa à Paris le vin mousseux de sa terre de Sillery, et on en donne pour preuve que les gourmets le désignaient sous le nom de *vin de la maréchale*, à cause de M^{me} d'Estrée, chez qui on le buvait ; mais une lettre de Saint-Evremond à M. le comte d'Olonne le dément d'une manière formelle.

Selon l'illustre écrivain, le pape Léon X, François I^{er} et Henri VIII d'Angleterre plaçaient l'aï à la tête des meilleurs vins, parce qu'ils le trouvaient épuré de toute senteur de terroir.

Henri IV, qui passa, si l'on en croit la chronique, justifiée d'ailleurs par la chanson citée plus haut, pour un amateur exclusif du vin d'Arbois, a proclamé solennellement son goût pour le champagne.

Se voulant moquer un jour de la vanité du roi d'Espagne, qui prenait dans ses protocoles le titre de roi de chacune des provinces composant son royaume, répondit à un ambassadeur d'Espagne qui venait de défiler ce long chapelet de titres :

« Vous direz au roi d'Espagne, de

Castille, de Léon, d'Estramadure, etc.,
qu'Henri, roi de France, de Gonesse et
d'Aï..., » c'est-à-dire : roi du bon pain et
du bon vin, ajoute Arbinet dans sa fameuse
thèse sur le champagne et le beaune.

Ce médecin, à qui cette thèse a fait une
double réputation d'œnophile et de littéra-
teur, avait pris pour argument :

« *An vinum Belnense Remensi suavius et
salubrius ?* »

En 1700, les médecins de Reims firent
soutenir la proposition contraire, savoir :

« *Vinum Remense vino Burgundiano suavius est et salubrius.* »

En 1705, M. de Salins, médecin de
Beaune, écrivit un ouvrage intitulé : *Défense du vin de Bourgogne contre le vin de
Champagne*, en réponse à la thèse précé-
dente.

Cette défense s'appuie surtout sur ce
que M. Fagon, médecin du roi, après une
analyse scrupuleuse, a décidé que Louis XIV
ne boirait que du vin de Bourgogne, et
préférablement du vin de Beaune, « qui
s'attache plus étroitement aux aliments
dans l'estomac, et, étant distribué avec
eux dans toutes les parties du corps, se

convertit en sang *louable et bien conditionné*, sans faire encourir le danger d'aucune maladie. »

Tous les vins de France ont trouvé, d'ailleurs, des poëtes pour les chanter, des buveurs pour les vanter, si ce n'est cependant le vin de Brie, que tout le monde a honni et maltraité, à commencer par Boileau :

Je consens de bon cœur, pour punir ma folie,
Que tous les vins pour moi déviennent vins de Brie.

d'accord en cela avec la vieille chanson :

Mais tout vin est vin de Brie
Quand on boit avec un fat.

et avec la charmante petite facétie rabelaisienne du *Privilége des Enfants sans souci*, qui enjoint l'exécution de ses ordonnances bachiques « à peine de ne boire que la lie du vin de Brie. »

La France produisant peu de vins sucrés, on imagina, pour les remplacer, le vin de paille. On nomme ainsi celui qu'on retire des raisins mûris et réduits pendant plusieurs mois sur la paille ou suspendus dans un courant d'air. Ils perdent ainsi toute leur partie aqueuse, et ne gardent que les principes alcooliques et sucrés.

Les meilleurs vins de paille sont ceux d'Arbois, de l'Ermitage, d'Argentac et de Colmar. Les départements de la Meurthe et de la Moselle en fournissent aussi d'assez bons.

Le vin cuit de Provence, connu sous les noms de cassis et d'aubagne, est aussi fort agréable et peut jouer au besoin le rôle du tokay, comme certains vins de paille tiennent lieu d'alicante ou de malaga. On dit que le prince Esterhazy lui-même a bien voulu s'y laisser tromper. Il fallait certes qu'il y mît de la bonne volonté, car le vin de Tokay n'a pas, dit-on, d'égal au monde. J'ai vu une pauvre paysanne à l'agonie, à qui l'on fit prendre deux cuillerées d'un vin de Tokay qui avait soixante-sept ans de bouteille ; elle se ranima tout à coup et vécut encore deux jours.

Le tokay, ce nectar des banquets royaux, est produit dans le comté de Zemplin, sur les coteaux de Hegy-Allya, par un raisin connu sous le nom de *Formint*, ce qui a fait supposer à quelques antiquaires, à Szirmay de Szirma, qui a écrit sur ces matières, qu'il est originaire de Formies, cru tant célébré par Horace. Ce qu'il y a de certain, c'est que plusieurs vignobles de Tokay furent plantés avec des ceps rapportés de Malvasie en Morée par les Vénitiens, en 1241.

La question des vins occupa les graves prélats assemblés au concile de Trente, et après une consciencieuse dégustation, le tokay obtint la palme. Le pape lui-même fut appelé à approuver le choix des prélats, et il déclara hautement le tokay divin et sans parangon. Or, le pape est infaillible.

Grande rumeur au camp des alchimistes : un vigneron déclara un jour qu'il avait vu de l'or dans les grains d'un raisin de Tallya-Mada, le meilleur cru de Tokay. Tout le monde le crut, et les convives des princes de Hongrie, non moins magnifiques que Cléopâtre, pensèrent longtemps déguster de l'or liquide.

Le savant Szirmay prouva enfin que cet or végétal trouvé dans les raisins n'était autre que l'œuf d'un insecte autour duquel le sucre du raisin s'était comme cristallisé.

Encore une illusion perdue ! Le vin de Tokay des crus réservés n'en vaut pas moins son pesant d'or.

Les vins de Bourgogne, si recherchés comme vins d'ordinaire, sont les plus faciles à falsifier, les blancs surtout. Des spiritueux obtenus par la distillation de la pomme de terre, du seigle ou de l'orge, forment la base de ces liquides. On vend sous le nom de vin de Champagne un odieux amalgame d'alcool, de sucre, d'acide carbonique, de tannin et d'eau.

Il y a des moyens plus honnêtes de transformer les vins de quelque valeur : en exposant, par exemple, pendant deux heures des vins d'Argenteuil et de Suresne de l'année à la chaleur modérée d'un four à pâtisserie, on leur prête les qualités du vieux mâcon, assez du moins pour tromper un instant le goût des connaisseurs.

Il y a dans la Moselle les vignobles de Scy et d'Augny renommés pour un petit vin fort agréable. Un vieux dicton du pays assure qu'en buvant ce vin délicieux, « il semble qu'on avale la culotte de velours du bon Dieu. »

Le petit vin Ragot fait dire aux paysans de la Franche-Comté : « C'est doux comme miel, c'est de la *misse coulance;* on voudrait, quand on l'avale, avoir le cou long comme une cigogne. »

Ce joli vin possède d'ailleurs une propriété fort appréciée des buveurs insatiables : plus on en boit, plus on le trouve bon.

J'ai connu deux vieux militaires en retraite qui, tous les jours, se réunissaient à heure fixe dans un cabaret du bon coin pour en lamper lentement et à tête reposée sept ou huit flacons.

Pendant les deux heures consacrées par eux à cette douce occupation, et contre l'usage ordinaire qui veut que le vin délie la langue :

*Fecundi calices quem non fecerc disertum ?*
(HOR. epist. V.)

ils n'échangeaient pas d'autres paroles que celles-ci, à chaque nouvelle bouteille qu'on apportait :

« Bon bouchon ! » disait le premier.

« Meilleur que l'autre ! » répliquait le second.

Pendant seize ans que dura leur intimité, et à part le bonjour et le bonsoir de l'entrée et de la sortie, ils n'eurent pas d'autre conversation.

Il est un vin muscat qu'on récolte à Montéfiascone, dont la réputation est européenne, et qui doit à une singulière aventure le nom de vin d'Est, sous lequel il est connu.

Un évêque allemand, grand amateur de vin, avait coutume de se faire précéder dans ses voyages d'un *prægustator* qui essayait les vins de tous les cabarets de la route, et écrivait le mot *est* sur la porte de celui où il avait trouvé le meilleur. Cela signifiait sans doute : « C'est ici qu'il se trouve ! » Or, le vin de Montéfiascone lui parut si excellent, qu'il répéta trois fois le mot *est* en gros caractères sur la porte de l'auberge où il l'avait découvert.

L'évêque fut de cet avis, et il en but une telle quantité, qu'il mourut sur la place. On l'enterra dans l'église de San-Flaviano, et le mot *est*, trois fois répété, fut écrit en guise d'épitaphe sur son monument. Chaque année, le mardi de la Pentecôte, on répandait deux muids de vin sur la tombe. Cet usage dura long-temps, jusqu'à ce que le cardinal Barberigo, évêque de Montéfiascone, fit distribuer aux pauvres le prix annuel de ces deux muids.

Le cabaret où l'événement s'est passé a encore pour enseigne un gros homme à table, avec cette inscription : *Est, Est, Est,* et le vin du pays a gardé ce nom.

Il faudrait bien se garder de croire que la cérémonie rapportée ci-dessus fût une moquerie ou une invention bizarre des amis du bon prélat. C'était là, bel et bien, un très-antique usage remontant sinon au berceau, du moins aux temps les plus reculés du paganisme. Plutarque décrit, dans la *Vie d'Aristide*, la procession anniversaire en l'honneur des Grecs tués à Platée : « Les enfants, dit-il, y portaient divers vases qu'on répandait par oblation propitiatoire sur les monuments des morts. » Cette coutume était d'ailleurs consacrée par une inscription latine qu'on a retrouvée sur un grand nombre de pierres tumulaires, et dont un vieux poëte français a donné

en son naïf langage la traduction que
voici :

> L'ami passant qui par ce lieu chemine
> N'épanchera sur mes os son urine ;
> Mais s'il est doux, gracieux et benin,
> Boire il lui faut et me verser du vin.

Boire ayant été toujours chose grave et
solennelle aux yeux des grands philosophes
de l'antiquité, ils firent des préceptes à
l'usage de ce noble besoin. L'abbé Bor-
delon a pris la peine d'en traduire plusieurs
du grec et du latin.

Le sage Anacharsis disait que la vigne
porte trois raisins : le premier de volupté,
le second d'ivrognerie et le troisième de
tristesse.

Abstemir inventa le mélange de l'eau avec
le vin ; il en prescrivit la formule dans
deux vers latins qui disent à peu près ceci :

> Bacchus et Thétis dans ma tasse,
> Sont joints d'indissoluble nœud :
> Tous deux ils y tiennent leur place,
> Mais la déesse en a deux fois plus que le dieu.

Un autre législateur du vin a pris soin
d'ériger en préceptes, par une ingénieuse

plaisanterie, la faculté de boire jusqu'à la plénitude entière. Il intitule cela : *Règle pour modérer le goût du vin :*

> Cinq causes excitent à boire,
> Autant que j'ai bonne mémoire :
> L'hôte dont on est visité,
> La soif présente et la future,
> Du vin l'excellente nature,
> Et toute autre à sa liberté.

Pour peu que cette dernière soit le bon plaisir du buveur, il n'y a pas de raison pour que cela finisse. Horace, plus délicat en cela, ne voulait pas qu'on bût pour satisfaire un grossier plaisir de boire. Le vin était pour lui un remède à tous les maux : « Si vous m'en croyez, cher Plancus (il n'est rien de plus sage), vous noierez la tristesse et les labeurs de la journée au fond d'une coupe indulgente. »

« Plus d'une fois, dit-il encore, le vieux Caton a reconforté sa propre sagesse par une pointe de bon vin…. car tu rends, ô douce Amphore ! l'espoir aux découragés, la force aux affaiblis, le courage aux timides. »

Et plus loin : « Une ivresse heureuse est-elle assez féconde en confiance, en con-

fidences ? »…. « Une coupe aux pleins
bords est l'éloquence même ; elle apporte
aux plus malheureux l'élégance et la con-
solation. »

Je cite Horace en français, c'est-à-dire
Jules Janin. Où trouverais-je un texte qui
rendît mieux la grâce et l'esprit, le charme
et l'élégance du chantre de Tibur?

Quel autre breuvage que le vin possède
la douce et précieuse propriété de réchauffer et de rafraîchir ?

A ce propos, je me rappelle une anecdote dont les écreignes lorraines font les
délices. Ces veillées villageoises sont peut-
être celles de France où l'on conte le plus
volontiers.

Un paysan était propriétaire d'un cru
renommé, et il aimait à s'en faire honneur,
bien qu'il fût légèrement enclin à l'avarice.

Un jour d'hiver, ayant quelque profit à
attendre de la complaisance d'un sien voisin, il le convia à goûter de son vin ; mais,
dans la crainte que la séance, en se pro-
longeant, ne devînt préjudiciable à sa pro-
vision, il s'abstint de faire du feu.

Son économie tourna contre lui, car son
convive buvait coup sur coup ; et dès que

son verre était vide, il le tendait vers la cruche pour le faire remplir en jetant un regard grelottant vers la cheminée éteinte, et disait :

« Buvons, compère.... pour nous réchauffer. »

A quelques jours de là, l'affaire en expectative n'étant pas terminée, notre homme renouvela son invitation ; mais, afin d'éviter un prétexte dont sa tonne avait éprouvé une profonde atteinte, il eut soin d'allumer un grand feu.

Le voisin, en entrant, jeta un coup d'œil de satisfaction sur l'âtre enflammé et s'écria tout joyeux : « Diable! il fait chaud chez vous. »

Alors il se mit à boire avec plus d'ardeur encore que la première fois, et à chaque rasade il excitait son ami en lui disant :

« Buvons, compère.... pour nous rafraîchir. »

L'éloge du vin complet est dans cette historiette. Elle prouve que cet incomparable breuvage a de quoi satisfaire à tous les besoins du corps, et fait fleurir la saillie joyeuse sur les lèvres empourprées du buveur.

## LES CABARETS

—

S'il vous arrive, par hasard, de traver-
ser la rue Neuve-Saint-Augustin, à la
hauteur de la rue Louis-le-Grand, veuillez
lever les yeux au-dessus de la grille tradi-
tionnelle de la boutique du marchand de
vins du coin, et vous pourrez lire l'inscription suivante écrite en grosses lettres qui
sont, pour le modeste établissement, de
véritables lettres de noblesse :

*Maison fondée en* 1635.

J'ai longtemps cherché pour découvrir,
sous la poussière des vieux bouquins, le
nom sous lequel cet antique débit avait été
jadis écrit au temple de mémoire des cabarets célèbres ; mais, hélas ! les annales
œnophiles, — comme disent les savants,

— sont muettes sur ce point ; d'où je con-
clus, en tirant une induction plausible du
vieux et judicieux précepte : « A bon vin
point d'enseigne, » que le cabaret en question devait être, dans l'origine, l'un des
meilleurs et des mieux hantés de la ville.

Si les renseignements font complète-
ment défaut en ce qui concerne le nom
de ce cabaret, on retrouve en revanche
dans l'histoire des sectes religieuses du
XVIIᵉ siècle celui d'un fou célèbre qui y
débita tour à tour du vin et des sermons
vers 1650. Je vous parle du déplorable
Simon Morin, qui paya de sa vie le triste
honneur d'avoir écrit trois ou quatre ma-
nifestes mystico-philosophiques de la plus
absolue platitude.

Ce pauvre homme était un écrivain-co-
piste public. Il s'avisa d'avoir des visions ;
il en tira des conséquences qu'il publia
sous le titre de *Pensées de Simon Morin*,
et fut mis pour ce fait à la Bastille.

Quand il en sortit, il alla se loger chez
une fruitière de la rue Saint-Germain-
l'Auxerrois, nommée Honatier. Cette femme
avait une fille assez jolie, il en devint
amoureux, malgré sa philosophie, et par-

vint, — avec ses airs d'illuminé, — à lui faire partager sa passion.

Plus tard un mariage répara ce que cette liaison avait eu de trop scandaleusement irrégulier par la naissance d'un enfant, et les deux époux se mirent à la tête d'un cabaret situé dans la rue longeant le mur des Capucines, devenue vers 1702 la rue Louis-le-Grand.

Cette indication concorde bien avec la situation actuelle de la maison fondée en 1635.

Simon Morin, en devenant cabaretier, n'avait pas renoncé à ses prédications. Bien loin de là, il avait noué connaissance avec quelques illuminés de sa clientèle : François Rondon, curé de la Magdeleine-lès-Amiens, François Dosche, François Davenne, Poitou, maître d'école, une demoiselle Malherbe, qu'on accusait de vivre en concubinage avec le diable, enfin le poëte Desmarets-Saint-Sorlin, qui fut le Judas de ce soi-disant « fils de l'homme ».

Ces malheureux avaient rêvé quelques réformes dans l'Église. Ils demandaient en outre que le roi s'emparât des biens ecclésiastiques, et ils propageaient des maximes *subversives* de la nature de celles-ci :

« L'habit ne fait pas le moine ; mais celui-là est vraiment moine qui a les vertus d'un bon moine. »

« La cour est pour les courtisans, les évêchés pour les évêques, les abbayes pour les abbés, les cures pour les pasteurs, la solitude pour les ermites, le presbytère pour les prêtres. Bien heureux celui qui se trouvera en son lieu quand Dieu viendra. »

Puis Simon Morin composait des chansons, et ses adeptes, avec lui, chantaient entre deux verres d'hypocras, sur un air à porter le diable en terre : *O pasle mort, ténèbres sombres !*

> Vivre à son Dieu, mourir au monde,
> L'aymer d'une ardeur sans seconde,
> C'est le moyen d'estre content ;
> Mais celuy qui aux biens se fonde
> Se verra toujours mescontent.
>
> C'est une chose déplorable,
> Que Dieu seul, qui est adorable,
> Soit toujours servy le dernier,
> Et que l'homme, si misérable,
> Se recherche en tout le premier.

On vit dans toutes ces pensées et dans cent autres tout aussi coupables une haine avouée de la catholicité, une intention formelle d'attaquer la personne du roi et de prêcher le renversement de l'Église.

Morin, enfermé deux fois à la Bastille, puis aux Petites-Maisons, fut finalement condamné, comme récidiviste endurci, à être brûlé vif, sur la dénonciation et le témoignage de son élève et ami Desmarest, et exécuté en 1663, au milieu des plaisirs effrénés de la cour, et justement dans le temps de la plus grande licence.

En apprenant les recherches ordonnées contre lui, et dont lui avait donné avis une demoiselle de la Chapelle qu'on voulut poursuivre plus tard comme adepte de ses hérésies, Simon Morin quitta son cabaret et se cacha sous un nom d'emprunt dans un bouge de la Cité.

Peut-être n'aurait-on jamais eu l'idée de l'y poursuivre si son fils, enfant de neuf ou dix ans, ne l'avait pas involontairement livré.

Le commissaire Picart, qu'on avait chargé d'instrumenter contre Morin, revenait un soir de souper chez un de ses amis, quand il rencontra un petit garçon qui s'éclairait à l'aide d'une chandelle entourée d'un cornet de papier, en guise de lanterne. Ce papier était tout justement la feuille première du livre de Morin, et on y lisait en transparent le titre de *Pensées de Morin*.

Cette particularité frappa le commissaire; il interrogea l'enfant, et, ne pouvant rien démêler à ses réponses, il s'avisa de lui dire qu'étant un ami de Simon Morin, il le cherchait tout justement pour lui donner une bonne nouvelle.

« Vous n'avez donc qu'à me suivre, dit l'enfant, car je suis le fils de Morin, et je retourne auprès de lui. »

Le commissaire ne se le fit pas dire deux fois, et, arrivé à la porte, il ordonna à son laquais d'aller quérir sa robe et de ramener le guet.

Une fois en présence de Morin, Picart l'amusa par des propos en l'air, jusqu'au moment où les gens de police vinrent lui prêter main-forte.

Alors, ayant endossé sa robe, il signifia au pauvre cabaretier-prophète la saisie de ses livres et sa prise de corps.

On sait le reste.

Ainsi finit une des premières et nombreuses dynasties qui se sont succédé dans le gouvernement du *Cabaret de* 1635.

1635 ! Quelle noble date, et quel bon temps pour les buveurs !

Les cafés n'étaient pas encore inventés.

Les gens d'esprit dont on obscurcit aujourd'hui le cerveau par les vapeurs nauséabondes d'une bière frelatée, par l'horrible absinthe, par plus de cent mélanges spiritueux de mauvais aloi, pouvaient et savaient entretenir leur verve, aux feux divins du beaune et du pomard.

L'hippocrène des poëtes était alors une vérité, et la source inspiratrice jaillissait rouge et parfumée des tonnes ventrues de *la Croix de Lorraine*, et de *la Pomme de Pin*.

Tout ce qui tenait une plume ou un crayon allait puiser l'inspiration, et, suivant l'expression de Rabelais :

« Compaunir aux tabernes méritoires. »

Où maints rubis balais tout rougissans de vin,
Montraient un *hâc itur* à la Pomme de Pin.
(Math. REGNIER.)

Cette *Pomme de Pin*, située en la Cité, contre le pont Notre-Dame, devait sa célébrité à la clientèle poétique que depuis Villon, Rabelais et Mathurin Regnier, lui formait la gent littéraire. Aussi ce devint-il un goût parmi les taverniers d'avoir, à l'exemple de cette illustre enseigne, chacun leur poëte pour achalander la maison.

Collétet, Blot, Saint-Phal, Bomains, Chapelle, Saint-Aman, Motin, Montmaur, Laisné, Saint-Gelais, ont transmis à la postérité le souvenir de leurs franches-lippées ; et des écrivains plus sérieux, plus illustres surtout, Racine, Bernier, Molière, La Fontaine et tant d'autres, jusqu'à Boileau lui-même, ont fait retentir des éclats de leur gaîté les salles hospitalières du bien-heureux cabaret d'où Blot renvoyait le précieux Voiture, le buveur d'eau, sur l'air de : *Réveillez-vous, belle endormie.*

> Pour bien goûter tous les délices,
> Il faut, Saint-Phal, Blot et Bomains,
> Passer la nuit entre deux cuisses
> Et tout le jour entre deux vins.

> Va, Voiture, tu dégénère,
> Retire-toi, si tu m'en crois :
> Tu ne vaudras jamais ton père,
> Tu ne vends de vin ni n'en bois.

Voiture, fort choyé dans le beau monde, familier de l'hôtel Rambouillet, quoique fils d'un marchand de vin, était fort sensible à ce reproche.

Le succès de *la Pomme-de-Pin* avait bien de quoi tenter la convoitise de messieurs les taverniers, car le sieur Desbordes, qui en était le propriétaire, y fit promptement une grande fortune. Il acheta une charge dans les gabelles pour monsieur son fils, et se retira dans un château qu'il fit bâtir à Cormeilles en Parisis.

Cresnay, dont s'est tant moqué Boileau, succéda à Desbordes enrichi, et devint comme lui un des puissants du siècle, de même que Boucingo, celui qui — selon Chapelle —

> Posséda dès son âge tendre
> La fameuse *sauce à Robert*,
> Avant même qu'il pût apprendre
> Ni son *Ave* ni son *Pater*.

Cormier, du *Cormier fleuri* près Saint-Eustache ; Renard, le traiteur du jardin des Tuileries ; Hardy, Lami, Rousseau, la Guerbois, de la butte Saint-Roch ; la Coeffier, de *la Fosse-aux-Lions*, dans la rue du Pas-de-la-Mule, et vingt autres assez heureux pour avoir la satisfaction d'éclabousser les honnêtes gens qui les avaient enrichis.

On doit penser si ces grandes fortunes promptement acquises, dans un temps où le vin était à très-bon marché, trahissaient déjà d'abominables falsifications, — moins impudentes peut-être que celles d'aujourd'hui, car la science des poisons usuels a fait d'incalculables progrès, mais assez effrontées cependant pour justifier la colère des buveurs et les représailles des poëtes.

Le poison que distillait la plume acérée de ces derniers, s'il ne contenait pas les miasmes morbides des compositions diaboliques des cabaretiers filous, n'en avait pas moins une amertume qui le rendait redoutable et cruel à digérer.

On lança sur les marchands de vin convaincus de fraude cette chanson, que j'ai trouvée manuscrite et qui pourrait bien être attribuée à Chapelle.

Elle se chantait sur l'air de l'ouverture de *Bellérophon* :

Arboulin,<br>
Faux marchand de vin ;

Gros Boucingo,
Béraut, Baron, Lami, Rousseau,
Hardivilliers, Souche et Cresnay,
Vieux mal peigné,
C'est en ce jour
Que sans nul retour,
Pour les forfaits
Que vous avez faits,
La chambre contre vous va rendre mille arrêts
Tremblez, tremblez, empoisonneurs,
De tous vos malheurs.
On ne dira pour vous nul *libera* ;
On maudira le père qui vous engendra ;
Au lieu d'un bon *salve*,
Vous entendrez crier *tolle*.
Monsieur Babeau,
Avec de l'eau
Rehaussant son tréteau,
Vous fera boire à crève peau.
Vous aurez beau confesser alors,
Avec mille remords ,
Que, sans aucun dessein malin,
Vous avez frelaté le vin ;
Pourrez-vous rétablir nos corps
Et ressusciter les morts ?
Infâmes,
Vous méritez tous nos transports
Et point de salut pour vos âmes.
Lucifer nous vengera
Lorsque de l'eau du Styx il vous abreuvera.

Un poëte plus philosophe que l'auteur
de cette chanson commence à appeler sur

les falsifications les rigueurs de la loi :

> Pourquoi faut-il qu'on punisse
> Les voleurs, les assassins,
> Et ne pas faire justice
> Des empoisonneurs de vins !

Puis il se radoucit tout à coup et prend son parti en brave :

> Quoiqu'en tous lieux on frelate
> Les vins de toutes façons,
> Comme un autre Mithridate,
> Mon corps s'est fait aux poisons.

Une autre fois, dans une fête à l'hôtel de ville, on remit le placet suivant au lieutenant criminel :

> Souverain juge de la police,
> Les buveurs vous demandent justice ;
> Quoi ! souffrirez-vous qu'on empoisonne
> Les bons vins que la treille nous donne ?

Nous trouvons dans une ancienne description de Paris une mention relative à la falsification des vins :

« Il est rare, à Paris, de se procurer du vin qui ne soit point frelaté.

« Le plus honnête cabaretier est celui qui débite la liqueur le moins meurtrière, c'est-à-dire abondamment coupée avec de l'eau de puits.

« Ceux qui travaillent leurs vins avec le plomb donnent lieu aux accidents les plus fâcheux.

« Il y a des marchands qui font du vin, à Paris, avec une certaine quantité de vinaigre et de l'eau dans laquelle on fait bouillir du bois de teinture. Les vins blancs s'y fabriquent avec du poiré ; on les aiguise avec de l'eau-de-vie, le bouchon saute, la liqueur fume, et le peuple croit savourer du champagne.

« Tous les vins de Paris sont un mélange de celui du Roussillon et de celui d'Orléans ; les marchands les plus consciencieux s'en tiennent à cet amalgame, et ils l'appellent du Bourgogne. »

Un enfant naïf trahit un jour le secret d'un des cabarets les plus en vogue. Quelqu'un étant aller demander une bouteille de vin à huit sous, ne trouva au comptoir qu'une fillette de neuf à dix ans.

« Nous n'en avons plus à ce prix, répondit-elle ; mais attendez un moment, papa va rentrer, il vous en fera tout de suite ; il y a un puits dans la cave. »

Avec un peu de recherches on pourrait arriver à reconstruire le tableau des cabarets de Paris pendant la première moitié du XVIIᵉ siècle. Outre que bon nombre de poëtes, et principalement Chapelle, Saint-Amand et Colletet, nous ont laissé dans leurs ouvrages des mentions curieuses à rapporter, quelques écrivains ont pris la peine de former des catalogues de cabarets, soit en prose, soit en vers, dans lesquels figurent toutes les enseignes qui valent la peine d'être citées.

C'est d'abord l'Ode à la louange de tous les cabarets de Paris, dédiée à M. de la Motte-Massas, Paris, 1628. (On l'attribue à Berthauts, auteur de *Paris en vers burlesques.*)

Puis c'est le chapitre XXII des *Visions miraculeuses du Pèlerin du Parnasse*, contenant la liste des cabarets en vogue en l'an de grâce 1635.

C'est enfin le discours facétieux en vers burlesques, sur toutes les affaires du temps, Mazarinade par O. D. C. Paris, Sassier, 1649.

Voici d'après ces trois autorités la liste la plus complète possible des cabarets de Paris pendant un espace de trente ans environ :

Ce sont d'abord, auprès de l'Hôtel de Bourgogne, les deux rendez-vous des comédiens et des auteurs comiques, *l'Aigle royal* et *l'Ange*, chantés par Berthauts, plus amateur de bon vin que de vers pompeux, fussent-ils de Racine.

> Je n'ai pas vu notre théâtre,
> Qu'aussitôt je ressors de là,
> Pour un *ange* que j'idolâtre,
> A cause du bon vin qu'il a.

*Le Berceau*, sur le port Saint-Michel, était hanté par les gens de chicane.

La Boisselière tenait restaurant rue Froid-Manteau : on ne dînait pas chez elle à moins de dix livres. On trouve à ce propos, dans le ballet des *Courtisans* (*Recueil des meilleurs Ballets de ce temps*, Paris, Dubray, 1612), une scène comique fort originale, relative à ce que cette marchande n'accordait jamais de crédit, fût-ce aux gens les mieux titrés et le plus notoirement riches.

Près du Mail, on trouvait *la Bastille*, qui partageait, avec *l'Escu-d'Argent*, une bonne et solide renommée.

Il faut distinguer entre cet *Escu-d'Argent* et le traiteur du même nom, au quartier de l'Université, où l'on inventa la fameuse soupe au citron, dite *soupe à l'Écu*.

> Que vous semble, a–t-il dit, du goût de cette soupe ?
> Sentez-vous le citron dont on a mis le jus
> Avec des jaunes d'œufs mêlés dans du verjus ?
>
> (BOILEAU, sat. 3.)

Il y avait encore à l'Université une enseigne célèbre à plus d'un titre : *le Puits-de-la-Verité*. Un tableau en dessus de porte y représentait une femme nue, sortant jusqu'à la ceinture d'une tonne ornée de pampres.

C'est là l'expression en peinture du fameux adage *In vino veritas*.

Un clerc érudit avait écrit au-dessous ce distique latin :

> *Tristis semper adest abstenius ; usque dolosus*
> *Est humor ciceræ ; vina sed ingenua.*

qu'on a traduit depuis par cet ingénieux

quatrain, — car la langue française n'a pas
le tour concis de la latine :

> Dans l'eau, pour qui la boit, gît la mélancolie ;
> Dans le jus du beau fruit qui croît en Normandie
> On ne trouve que fraude et qu'infidélité :
> Ce n'est que dans le vin qu'on voit la vérité.

Boucingo fut pendant longtemps le roi des cabaretiers de Paris. Son vin, prisé des plus délicats avant que les méfaits de sa vieillesse eussent fait associer son nom à celui de l'empoisonneur Arboulin, — était le terme de comparaison par excellence :

> . . . . . J'ai quatorze bouteilles
> D'un vin vieux . Boucingo n'en a point de pareilles.
>
> (BOILEAU, sat. 3.)

Il vendait entre autres un certain vin de Beaune qui causait les délices de la cour. On peut juger de l'état qu'on en faisait par cette boutade du *Pèlerin du Parnasse* : « Tout le vin que l'Espagne nous peut fournir, encores qu'il soit vray sainct-martin, malaga, ou ribadavia, ce n'est rien que du vin de crocheteurs, au prix du bon vin de Beaune. »

L'enseigne des *Bons-Enfants*, rue de ce nom, fut illustrée par Bergerat, dont on ventait la cuisine :

Et mieux que Bergerat l'appétit l'assaisonne,

a dit Boileau, qui le connaissait pour avoir soupé chez lui en compagnie de Racine et des comédiens du roi, fort partisans de la chère de cette cuisine choisie.

Près de l'Arsenal on citait *le Cerf*, *le Pigeon*, et *l'Écu*, celui-là même qui cent ans plus tard a donné lieu à la joyeuse chanson poissarde de Manon Frelu :

Quand on va boire à *l'Écu*,
Il ne faut pas tant tortiller des fesses, etc.

Derrière le Luxembourg florissait *le Chapelet*, et plus loin, vers le Mont-Parnasse, le petit peuple se pressait le dimanche autour des tables hospitalières de *Clamar*, de *Venise* et de *Marseille*.

*Clamar* avait eu longtemps le privilége d'attirer les bourgeois en pérégrinations dominicales ; *le Pèlerin du Parnasse* nous apprend que le mauvais ton du cabaretier avait fait déserter le cabaret.

L'ode de Berthauts, antérieure de huit ans à ce dernier ouvrage, prône encore ces trois enseignes, qui, dit-il, remplissaient le Mont-Parnasse de merveilles.

*Le Chêne-Vert*, au préau du Temple, n'était pas moins achalandé que *la Croix-Verte*, sa voisine.

Il est fort question de cette *Croix-Verte* dans une petite facétie populaire que les collectionneurs de la bibliothèque troyenne recherchent avec passion, dans son édition originale, publiée simultanément avec *le Pèlerin du Parnasse*, c'est-à-dire vers 1635. C'est l'*Ordonnance nouvelle, portant instruction, et comme il faut que les femmes se comportent avec leurs maris pour avoir la paix dans leurs ménages.*

Rue du Pas-de-la-Mule, à l'enseigne de *la Fosse-aux-Lions*, brillait, au premier rang des maisons bien fréquentées, le beau cabaret de la Coeffier, jolie femme et cuisinière émérite.

Les poëtes l'ont célébrée, et son vin encore plus qu'elle, témoin cette chanson :

> Amante, je sens comme vous
> L'amour qui se glisse en mon âme.

La Coeffier me rend soucieux :
Elle seule plaît à mes yeux,
Et mon amour est immortelle,
Voyant un objet si divin,
Non pas pour coucher avec elle,
Mais bien pour boire son bon vin.

*Le Cormier fleuri*, près Saint-Eustache,
partageait, avec la Coeffier et la Boisselière,
la prédilection des gens de la cour.

Paris où fleurit un Cormier,
Qui des arbres est le premier,

s'écrie Saint-Amand, dans son enthousiasme de gourmet, tandis qu'un rimeur
moins délicat entonne entre deux verres
ce refrain bachique :

Mon gros Jean Gourman,
Que j'ai l'âme ravie
D'envie
De voir
Ton visage charmant.
Chacun rit,
Et, revoyant ta trogne
D'ivrogne,
Le Cormier fleurit.

Les écoliers affluaient à *la Corne*,

Préférant au meilleur collége
*La Corne* en la place Maubert

Près de l'hôtel de ville, on voyait *la Coupe* et *le Gaillard-Bois*, cher à Berthauts, qui allait y chercher des consolations contre la cruauté d'une « belle inhumaine. »

> Sans le vin qui me reconforte,
> Chez l'hôtesse du *Gaillard-Bois*,
> La passion qui me transporte
> M'aurait tué dix mille fois.

Chapelle faisait de longs dîners à *la Croix-Blanche*, rue de la Savaterie. Quand il y était une fois attablé, rien ne le pouvait tirer de l'extase où le jetait la cuisine succulente du lieu. Aussi se vante-t-il quelque part comme d'un exploit merveilleux d'avoir parfois quitté ses pots pour courir après une maîtresse exigeante :

> Cruelle princesse qui fais
> Que tous les jours je me retranche
> Les longs dîners de *la Croix-Blanche*
> Et les charmants soirs du *Marais*.

Il veut parler ici de *l'Echarpe*, au Marais, où a pris naissance l'usage des cabinets particuliers. Mais laissons parler *le Pèlerin du Parnasse :* « S'il vous prend fantaisie, dit-il, de chasser le mauvais air par le moyen du bon vin, dressés vos pas du costé de *l'Escharpe*, et si vous avez assés de nez pour faire une belle maîtresse, ne faictes point difficulté de l'amener quant et vous. Je vous promets qu'en payant on vous prestera librement la plus belle chambre de toute la maison, afin que vous puissiez ensemble gouster avec plaisir la doulce liqueur de Bacchus, sans estre troublez ni escorniflez par personne du monde. »

A deux pas de *la Croix-Blanche*, dans cette même rue de la Savaterie, se réunissaient à *la Galère* messieurs les savetiers, grands connaisseurs en vins fameux. L'ode sur les cabarets nous affirme que

> *La Galère* et *la Croix-Blanche*
> Les traitaient en demi-dieux.

Il y avait une autre *Galère*, rue Saint-Thomas-du-Louvre, où se réunissaient les mousquetaires du cardinal de Richelieu. J'ignore à propos de laquelle des deux Blot a fait cette chanson :

> Martinet, autrefois grand vaurien,
> A présent est fort homme de bien ;
> On le voit tous les jours en prière,
> Jamais abbé ne fit mieux son devoir,
> Car il dit matines à *la Galère*
> Et chante vêpre au *Petit Père Noir*.

Le cabaret de *la Croix-de-Fer*, rue Saint-Denis, avait une table servie à l'usage de pensionnaires habituels. François Colletet y prenait ses repas. Il en a fait une description comique dans un sonnet demeuré célèbre.

### LE DINER DE LA CROIX DE FER.

De quinze ou seize au moins que nous sommes icy,
Papistes, huguenots, de différent mérite,
L'un fait le libertin, l'autre fait l'hypocrite ;
L'un revient de Sédan et l'autre de Nancy ;

L'un a le nez pointu, l'autre l'a raccourcy ;
L'un feste le poulet, l'autre la carpe frite ;
L'un mange, l'autre boit, l'un rit, l'autre s'irrite ;
L'un fait l'homme d'État, l'autre est franc de soucy.

L'un s'entretient d'amour et l'autre de chicane ;
L'un parle de sa bure et l'autre de sa pane ;
Moy, pour ne dire mot, je n'en pense pas moins.

Amy qui les cognois de mœurs et de visage,
Dy-moy, vis-tu jamais, tes yeux en sont témoins,
Parmy de si grands fous, un poëte si sage ?

## Près de la Bastille, dit Berthauts,

Où j'ai peur qu'on me traîne,
J'entre dans *la Croix-de-Lorraine*
Pour me cacher parmi les pots.

Ce cabaret était situé sur des terrains vagues, accidentés de décombres, de charpentes, coupés de fossés et remplis de fondrières. On y montait par un petit chemin entre deux haies.

> Lieu propre à se rompre le cou,
> Tant la montée en est vilaine,
> Surtout lorsqu'entre chien et loup
> On en sort chantant Miredondaine.

Ce cabaret avait eu son importance politique pendant les troubles de la Ligue. Là se réunissaient, loin du mouvement et des indiscrétions de la ville, les partisans des Guise.

C'est de la double croix des armes de Lorraine figurant sur l'enseigne de cette maison que la Ménippée disait :

> Savez-vous ce que signifie
> Que les ligueurs ont double croix ?
> C'est qu'en la Ligue on crucifie
> Jésus-Christ encore une fois.

*Le Cygne-de-la-Croix* et *le Cerfmont* offraient, rue Saint-Honoré, deux enseignes en rébus, genre dont notre moderne *Épiscié* a perpétué le souvenir, et que Berthauts condamnait comme une afféterie ridicule.

Sur la butte des Moulins, le cabaret de la Guerbois ouvrait ses salons dorés à la fine fleur des raffinés. Ce nom est souvent cité dans les mémoires du temps.

A la porte du Châtelet, *le Dauphin* et *le Grand-Cornet*, sur le Pont-au-Change, offraient de solides consolations aux plaideurs. Ceux-ci trouvaient, sans le chercher, l'oubli au fond de leur verre, et employaient volontiers en libations empourprées les vingt-quatre heures réservées pour maudir les juges. *La Grosse-Tête*, près le Palais, remplissait le même office.

Elle était voisine de ces deux fameuses enseignes dont parle Berthauts quand, apostrophant le Palais, pour lequel il se sentait un invincible éloignement, il s'écrie :

Sans *le Diable* et *la Tête-Noire*,
Je n'approcherais point de vous.

Il y avait une autre *Tête-Noire* près de la foire Saint-Laurent ; les promeneurs avaient coutume de s'y arrêter pour manger des cervelas, des cerneaux et du fromage, en buvant du vin d'Argenteuil.

C'était là, si l'on en croit *le Tracas de Paris*, le lieu de Paris le plus fécond en querelles et en rixes.

Lorsque les comédiens de l'hôtel de Bourgogne désertèrent *l'Ange*, qui avait manqué de douceur envers quelques-uns d'entre eux, ils adoptèrent *les Deux-Faisans* et *l'Ecu-de-Bourgogne* de la rue Montorgueil.

A deux pas de ce cabaret fameux, en face la halle aux poissons, le comique Bellerose attirait les amis de la grosse gaîté aux *Trois-Maillets*, surnommés le tombeau du crédit.

> Aussitôt que je tourne l'œil
> Vers les places de Montorgueil,
> Pour voir les présents de Neptune,
> Je m'en vais dans *les Trois-Maillets*.
>
> Ah! que n'ai-je pour sépulture
> *Les Deux Torches et le Mouton!*

s'écrie un chansonnier qui avait encore présent à la mémoire le vœu bachique d'Adam Billaut :

> Si, je meurs, que l'on m'enterre
> Dans la cave où est le vin.

Ces *Deux-Torches* étaient tenues par Martin au cimetière Saint-Jean.

Citons, en courant *le Gallion* du Pont-au-Double, *l'Image Notre-Dame*, *la Trinité*, sur le Marché-Neuf, *la Tour-d'Argent*, qui existe encore aujourd'hui sur le quai de la Tournelle, *le Cygne* et *la Lamproie*, contre les Halles, *la Lanterne* de la place aux Veaux, *la Magdeleine* du Pont-Neuf et *la Montagne*. Ces trois derniers tenant un rang fort honorable dans la kyrielle bachique.

*La Petite-Pucelle* de la place Dauphine, ainsi que *le Petit-Voisin*, avaient aussi leur genre de célébrité ; mais ils étaient loin d'atteindre à la gloire du *Petit-Saint-Antoine* de la rue des Bons-Enfants.

« Si vous passiez dans la rue de ces Bons-Enfans qui ne demandent rien qu'amour et simplesse, s'écrie Apollon dans *le Pèlerin du Parnasse*, sans visiter l'hostel du *Petit-Saint-Antoine*, je vous tiendrois pour un faquin, et, si la fantaisie me prenoit, je vous ferois condamner à ne boire jamais que de l'eau, attendu que vous auriez mesprisé un des bons cabarets de toute la ville de Paris. »

*L'Hôtel d'Anjou*, rue Dauphine, mérite d'être signalée. C'est là qu'ont pris naissance les dîners à prix fixe que *la Toison* de la rue Beaubourg ne tarda pas à adopter. On y faisait, à l'un comme à l'autre, un repas complet pour vingt sous. Ces deux cabarets, en prenant cette initiative, avaient devancé l'édit de 1629, qui défendit aux traiteurs de prendre plus d'un écu par tête pour la dépense des festins.

Les danseurs et les maîtres à danser se réunissaient à *l'Epée-de-Bois*.

*L'Epée-Royale*, rue Saint-Méry, eut, comme *la Pomme-de-Pin*, *le Mouton-Blanc*, *les Bons-Enfants*, etc., l'honneur d'héberger les poëtes, et compte parmi les meilleurs cabarets littéraires du XVIIe siècle.

*L'Empereur* faisait, avec *la Lune* et *les Quatre-Vents*, la réputation du quartier des Petites-Maisons.

*L'Image Saint-Martin* disputait aux *Trois-Suisses* la faveur des maquignons du Marché aux chevaux. Quoique venant de Normandie, ces messieurs préféraient même les petits vins de l'Ile-de-France à leur cidre national.

Un certain Jacques Gilles, de la rue de

la Friperie, a passé au temple de Mémoire.
grâce à Berthauts le satirique :

> Quand je vois votre draperie,
> J'ai si grande apréhension
> Des Juifs et de leur nation,
> Que, pour fuir ces domiciles,
> J'entre vite, comme le vent,
> Dans la maison de Jacques Gilles.

Près du cabaret de *la Cage*, proche
Saint-Pierre-des-Arcis, on voyait l'échoppe
d'un écrivain fort renommé parmi messieurs
les gardes et mesdemoiselles les cuisinières
pour la façon délicate dont il tournait une
lettre d'amour aussi bien que pour son
adresse à faciliter le *ferrement de la mule.*
La cuisinière dicte :

> Premièrement pour des saucisses,
> Pour des pois et des écrevisses,
> Vous mettrez cinquante-six sous.
>  A cela, que dites-vous ?
> — Je dis qu'il faut mettre soixante.
> — Soixante, soit ; pour de la menthe,
> De la marjolaine et du thin,
> De la lavande et du plantin,
> Du moron, de la sariette,
> Tant soit peu d'épine-vinette,
> Aussi pour trois petits paniers,
> Il y a vingt sous six deniers.

> — Otez-les, mettez-en quarante,
> Cela, joint avec les soixante,
> Feront tout justement cinq francs,
> Etc.
>
> *(Paris en vers burlesques.)*

Autour des Gobelins, on comptait de nombreux cabarets. Ce quartier était presque la campagne, et les bourgeois du quartier Saint-Marceau allaient volontiers prendre l'air sur les bords de la rivière de Bièvre.

Outre *le Port-du-Salut*, maison de premier ordre et des plus renommées, on y voyait encore *la Rose-Rouge*, *le Lyon-d'Or*, *le Mouton-Blanc*, *le Dauphin* et *le Juste*.

> Voicy le pays de Cocagne,
> Où l'on boit le bon vin d'Espagne,
> Le doux hypocras, le muscat,
> Et l'alicant, si délicat.

Il s'agit, dans ces vers du *Tracas de Paris*, de la fameuse maison de *la Raquette*, en face la croix du Trahoir, dont *le Pèlerin* et *l'Ode aux cabarets* font également l'éloge.

Citons encore *le Pressoir* du marché du Temple et *le Pressoir-d'Or* de la rue Saint-Martin.

A la foire Saint-Germain, brillait *le Grand Saint-Martin*, quoique sérieusement effacé par une enseigne chère à Berthauts :

Tous les trésors de cette foire
N'augmentent en rien mon bonheur,
Si par eux je ne trouve à boire
Dedans *le Riche-Laboureur*.

Scarron ne le dédaignait pas non plus ce *Riche-Laboureur*, renommé pour ses *pains de Gonesse* et ses vins de Bourgogne : mais il était fantaisiste et préférait au vin quelque breuvage exotique. tel que l'*aigre de cèdre*, que débitaient dans la maison voisine les seigneurs Lopez et Rodriguez, marchands portugais.

N'oublions pas *le Soleil* de la rue de la Boucherie, *le Saint-Quentin* de la rue des Cordiers, qui devait avoir, un siècle plus tard, l'honneur insigne d'héberger Jean-Jacques Rousseau; et non plus *la Table-du-valeureux-Roland*, au Châtelet, où la tradition faisait asseoir le brave chevalier entouré des douze pairs, par une concession bénévole des croyances populaires aux imaginations chevaleresques de la Bibliothèque bleue, alors fort à la mode.

*Le Treillis-Vert*, rue Saint-Hyacinthe-
Saint-Michel, était spécialement affecté au
service des moines des couvents d'alen-
tour. Les bons pères ne se privaient pas
de consulter à l'occasion la dive bouteille,
et un plaisant du temps fit sur eux cette
chanson en proverbes :

> Boire à la capucine,
> C'est boire pauvrement ;
> Boire à la célestine,
> C'est boire largement ;
> Boire à la jacobine,
> C'est chopine à chopine ;
> Mais boire en cordelier,
> C'est vider le cellier.

En toutes choses mondaines, ces bons
cordeliers semblaient avoir pris pour de--
vise : *Age quod agis.*

*Les Trois-Entonnoirs*, au pont Saint-
Michel, passaient pour posséder le meilleur
vin de Beaune de tout Paris, à une époque
où un arrêt de la Faculté, prononcé par
Fagon, avait donné la palme à ce cru, et
l'avait désigné pour servir exclusivement
de boisson au roi.

*Les Trois-Pigeons*, devant Saint-Roch,
durent quelque célébrité à Ravaillac, qui

y logeait quand il commit son régicide.

Enfin, nous terminerons par *les Trois-Cuillers*, *le Petit-More*, tenu par Sercy, où Racine donnait parfois rendez-vous à Despréaux, rue des Marais-Saint-Germain, à deux pas de sa porte, et *le Mouton-Blanc*, cette trop longue liste, qui n'a guère d'autre mérite que son exactitude.

*Le Mouton-Blanc*, tenu par la veuve Bérin, au cimetière Saint-Jean, doit être signalé parmi les cabarets de haut ton et les plus familiers aux gens de plume.

Lorsque *la Pomme-de-Pin* commença à décliner, par suite des méfaits du sieur Desbordes, puis de son successeur Cresnay, *le Mouton-Blanc* et *les Trois-Cuillers* de la rue aux Ours, illustrées par le gros Lamy, héritèrent de son poétique achalandage et devinrent les premiers cabarets de Paris.

*Le Mouton-Blanc* a eu l'insigne honneur d'héberger Racine tandis qu'il composait *les Plaideurs*. C'est là, sur l'angle d'une table de chêne, qu'il alignait en rimes alertes les mots de procédure et les saillies judiciaires dont l'avocat Brilhac lui fournissait le vocabulaire et les traits.

C'est dans ce cabaret du *Mouton-Blanc* qu'eut lieu entre Despréaux, Racine, Molière, La Fontaine et Bernier, la conversation que je vais rapporter.

Qui connaît aujourd'hui Bernier, le disciple de Gassendi? François Bernier, d'Angers, qui fut médecin du Grand Mogol, publia, in-12, les *Voyages aux Indes*, abrégea Gassendi et le remit en sept volumes. (Ouf! quelle abréviation!) Bernier, malgré ces gros ouvrages, malgré le brevet de physicien délivré par Boileau,

> Et que Bernier compose et le sec et l'humide,
> Des corps ronds et crochus errant parmi le vide,

serait aussi inconnu de nous que son piteux homonyme, l'auteur de *l'Antimenagiana*, s'il n'avait été l'ami de La Fontaine. Cette illustre liaison l'a sauvé de l'oubli. Bernier, de son côté, n'est pas demeuré en reste avec le fabuliste, et, parmi tout son *fatras*, comme certaines gens appellent ses notes philosophiques, il nous a conservé plusieurs morceaux qui ont échappé à l'éditeur des œuvres du bonhomme.

Bernier raconte quelque part une conversation qui eut lieu au cabaret entre La

Fontaine, Boileau et quelques autres, sur l'opinion, à propos d'une fable devenue célèbre.

Le résumé qu'il en donne offre un singulier caractère prophétique, surtout quand on le rapproche de certaines idées accréditées naguère par la critique militante, celle qui préparait les voies à la nouvelle littérature.

On me permettra d'entourer cette anecdote de la petite mise en scène que le récit de Bernier laisse suffisamment pressentir.

On sait, car les mémoires du temps, les poëtes, les petits romans de la vie littéraire, l'ont dit à satiété, que divers cabarets, et entre autres *le Mouton-Blanc*, étaient le rendez-vous favori des beaux esprits, avant l'invention des cafés.

Chapelle, à qui la lecture de Rabelais profitait, avait appris de messire Gargantua comment on allait « compaunir aux tabernes méritoires de *la Mule* et de *la Pomme-de-Pin*. » Il introduisit Despréaux dans le sanctuaire,

> Et, renversant sa cruche à l'huile,
> Il lui mit le verre à la main.

Donc, un matin, Despréaux, Racine et Molière conversaient familièrement et à bâtons rompus autour d'une table où, presque pour la forme, l'accorte servante avait placé une fiole de vin d'Arbois. Nos trois poëtes appartenaient, par goût ou par système, à la secte des buveurs d'eau.

Ils attendaient La Fontaine, qui, suivant l'habitude, avait oublié, à la poursuite d'une rime ou d'une amourette, ses amis, le rendez-vous donné la veille et la fable qu'il devait soumettre à leur triple et savant examen.

Enfin Bernier parut, tirant par la manche l'auteur de *Psyché*. La veille, notre voyageur avait appris de Molière l'heure et le motif du rendez-vous ; aussi, trouvant La Fontaine en train de tourner le dos au *Mouton-Blanc*, il s'était empressé de le remettre sur le droit chemin.

« Arrivez donc, ô le plus distrait des humains ! » s'écria Molière avec une impatience mal contenue, car l'heure de la comédie approchait ; « arrivez donc, il y a deux heures qu'on vous attend.

— Hélas ! mes bons amis, figurez-vous

bien qu'il n'y a pas de ma faute, je vous en donne l'assurance.

— Monsieur étoit sans doute retenu à l'hôtel de Bouillon, dit Boileau d'un air pincé.

— Messieurs, je vous affirme que je venois ici en toute hâte lorsque j'ai rencontré Chapelain et Patru, vous savez, ajouta-t-il en riant, le plus pauvre poëte et le poëte le plus pauvre de Paris. » Puis il reprit sur un ton vraiment pénétré : « Cet infortuné Patru me racontoit qu'il se voyoit décidément forcé de vendre son excellente bibliothèque. Il trouve acquéreur à 3,000 livres.

—Eh quoi ! s'écria Boileau avec explosion, Patru vendroit sa bibliothèque, ce trésor rassemblé au prix de tant de soins et de privations ! et pour une somme si modique, encore ! Lui, le Quintilius de notre siècle, se verroit privé de ses livres ! Eh bien, s'il faut absolument qu'il se défasse de cette précieuse bibliothèque, je l'achèterai, moi..... Je puis la payer 6,000 livres.

—C'est bien, cela, Despréaux ! dit Racine en lui serrant la main, je vous reconnais à ce trait. Mais, dites-moi, où mettrez-vous cette bibliothèque ? Il n'y a pas moyen de caser un volume de plus dans votre cabinet.

—Qu'à cela ne tienne, répliqua Boileau, et il s'efforçait en vain de cacher la rougeur qui envahissait son visage, je prierai Patru de me la garder jusqu'à ce que j'aie un plus grand appartement.

—Voilà donc encore mon méchant Despréaux, ce cœur sec et invulnérable ! » dit Molière en essuyant une larme d'attendrissement.

Boileau l'interrompit :

« Messieurs, nous sommes ici, dit-il, pour entendre une fable nouvelle : écoutons-la, je vous prie. La Fontaine, vous avez la parole. »

La Fontaine fouilla dans toutes ses poches, bégaya quelques excuses et finit par avouer qu'il avait laissé la fable chez lui.

« Alors, récitez-la. »

Notre fabuliste fit des efforts surhumains pour rappeler et rassembler ses vers ; enfin, tant bien que mal, et plutôt mal que bien, il débita, non sans laisser échapper quelques hémistiches, la belle fable du *Meunier, son Fils et l'Ane.*

Quand il fut à ces vers :

> *Mais ce champ ne se peut* tellement *moissonner,*
> *Que* les derniers venus *n'y trouvent à glaner,*

Boileau l'interrompit :

« Tout beau ! dit-il, il me paroît que vous avez lu les satires de M. Du Lorens de Chasteauneuf, car le bonhomme y dit en propres termes :

> Or, *ce champ ne se peut* en sorte *moissonner,*
> *Que* d'autres, après nous, *n'y trouvent à glaner.*

— Eh ! compère répliqua La Fontaine en riant, je vois bien maintenant que vous l'avez lu vous-même ; je ne m'étonnerai donc plus, dorénavant, de trouver dans votre V^e satire :

> On diroit que le ciel est soumis à sa loi,
> Et que Dieu l'a pétri d'autre limon que moi.

Ce que le bon président, en sa III^e satire, avoit déjà dit en ces termes :

> Il diroit volontiers que sa divine main
> N'a pas tout d'un limon pétri le genre humain.

Et dans votre VIII^e satire..... ce vers de la XVIII^e de Du Lorens :

> Laisse là saint Thomas s'accorder avec Scott.

— Mais vous-même encore, reprit Boileau...

— Paix là ! éternels disputeurs, dit Molière ; quel mal y a-t-il à ce qu'un écrivain de génie emprunte à tel ou tel obscur auteur un mot ou un vers qui expriment sa pensée, s'ils l'expriment bien? Voyons, la fable, la fable. »

La Fontaine continua, et *le Meunier, son Fils et l'Ane* firent le plus grand plaisir. Boileau, Racine, et surtout Molière, que cet apologue si mordant et si simple avait particulièrement égayé, donnèrent des éloges sincères et vivement exprimés à ce nouveau chef-d'œuvre.

« Cette fable, dit Bernier, me paroît être tout un traité de l'opinion. »

Ce mot, jeté au hasard, fut aussitôt relevé par l'assemblée et devint l'objet d'une discussion en règle.

On passa en revue les variétés, les formes diverses, les révolutions et la nature même de cette impérieuse reine du monde. Bernier, qui avait eu la facilité de l'observer dans ses voyages en Asie, sous les aspects les plus singuliers, ouvrit un vaste champ aux réflexions que ces récits firent naître.

« Somme toute, dit-il en finissant, prenez un maréchal de France armé de son bâton, de ses insignes, et transportez-le au milieu d'une tribu de l'Inde, je veux mourir si quelqu'un de ces sauvages pense à lui rendre les respects auxquels la grandeur que l'opinion attache à sa dignité lui donne droit en Europe. Je suis donc tout à fait de l'avis d'Épictète : Les hommes sont bien moins troublés par les choses que par l'opinion qu'ils en ont.

— Eh bien ! moi, s'écria La Fontaine, lorsque je souffre de la goutte ou de la migraine, je trouve que je suis tourmenté par autre chose que par une opinion.

— Je vous arrête, dit Molière, et pour vous ramener au précepte de M. Bernier, je me contenterai de vous rappeler le souvenir de la belle Claudine. »

Les quatre interlocuteurs, et La Fontaine lui-même, se prirent à rire.

« Certes, continua Molière, Claudine, après la mort de son mari, n'étoit ni moins belle ni plus bête, au demeurant, que du vivant du cher Colletet. Qu'est-ce donc qui vous a subitement détaché d'elle, si ce n'est l'opinion nouvelle que vous vous êtes formée de son intelligence ? »

Pour faire comprendre ces derniers mots, il faut remonter un peu plus haut.

Guillaume Colletet avait la manie d'épouser ses servantes. A l'exemple de l'*Alauda* de Martial, on l'avoit surnommé *Ancillariolus*.

Le fait est qu'il en épousa trois. La dernière et la plus belle se nommait Claudine. Colletet, afin de laisser à cette femme un renom au-dessus de sa première condition, fit plusieurs pièces de vers qu'il donnait sous son nom et qu'elle récitait avec un certain charme dans les compagnies. Puis, afin que la gloire de Claudine lui survécût à lui-même, il eut soin d'écrire, quand il sentit venir ses derniers moments, et de donner à sa femme les sept vers suivants, qu'elle distribua quand il fut mort :

Le cœur gros de soupirs, les yeux noyés de larmes'
Plus triste que la mort dont je sens les alarmes,
Jusque dans le tombeau je vous suis, cher époux.
Comme je vous aimai d'une amour sans seconde,
Comme je vous louai d'un langage assez doux,
Pour ne plus rien aimer ni rien louer au monde,
J'ensevelis mon cœur et ma plume avec vous.

Ces vers firent beaucoup de bruit, et le P. Vavasseur les traduisit en vers latins. Le dernier vers et le plus beau de cette traduction fut transcrit sur la tombe de Colletet :

*Condo lubens tumulo, cor, calamumque tuo.*

La Fontaine s'était singulièrement épris de la belle Claudine : était-ce parce qu'il la croyait poëte, ou simplement parce qu'elle était belle? Cette derniere raison me paraît devoir l'emporter, car il a dit quelque part, dans le conte de Joconde :

Une grisette est un trésor.
On en vient aisément à bout ;
On lui dit ce qu'on veut, bien souvent rien du tout.

Toujours est-il qu'il en fut dans l'enthousiasme et fit pour elle sonnets et madrigaux. Mais lorsque Colletet, ce phénix des maris, fut mort, lorsque le bruit se répandit par la ville que Claudine n'avait jamais écrit un vers et qu'au fond elle n'était qu'une sotte, La Fontaine la prit tout à coup en grippe et la harcela de sarcasmes. Il écrivit alors cette petite méchanceté à laquelle Molière vient de faire allusion :

Les oracles ont cessé,
Colletet est trépassé.
Dès qu'il eut la bouche close,
Sa femme ne dit plus rien ;
Elle enterra vers et prose
Avec le pauvre chrétien.
En cela, je plains son zèle
Et ne sais au par-dessus,
Si les Grâces sont chez elles,
Mais les Muses n'y sont plus.
Sans gloser sur le mystère
Des madrigaux qu'elle a faits,
Ne lui parlons désormais
Qu'en la langue de sa mère.

Or, sa mère était blanchisseuse, et ces dames n'étaient pas plus lettrées au XVIIᵉ siècle qu'elles ne le furent depuis, à l'époque où Vadé se fit leur secrétaire interprète.

« Laissons, je vous prie, ces folies, continua La Fontaine, et ne parlons que de l'opinion en fait de belles-lettres. Il est des chefs-d'œuvre, tels que l'*Iliade*, qui la défient ; mais la plupart des ouvrages de l'esprit sont soumis à des vicissitudes auxquelles n'ont échappé ni Cicéron, ni Virgile, ni Térence. Moins d'un demi-siècle après Auguste, ne leur préféroit-on pas ouvertement Sénèque, Lucain et les mimes de Laberius?

« L'ouvrage de l'opinion se reproduit continuellement sous mille formes différentes. Avant que notre poésie, avant même que notre langue fût formée, Marot, Saint-Gelais et quelques autres firent briller l'étincelle du feu poétique qui s'allumoit au flambeau des muses grecques et latines. Vint Ronsard, qui, la tête pleine de toute cette ancienne poésie, et vide d'idées originales, voulut la faire passer dans la nôtre, et parvint à ne plus parler français en écrivant cette langue. C'est à lui cependant que l'opinion avoit déféré le sceptre du Parnasse français. Enfin Malherbe vint, et l'illusion fut dissipée. Ronsard, autant méprisé de nous autres qu'il avoit reçu d'éloges de ses contemporains, est peut-être condamné à l'oubli........ à moins qu'il ne devienne un jour un demi-dieu. Le pauvre Chapelain a presque joui de la célébrité de Ronsard, et sa *Pucelle* n'a paru que pour confondre les éloges que l'on s'étoit trop hâté d'en faire. Il avoit pourtant sur Ronsard l'avantage de parler le langage de son temps.

« Aujourd'hui, vous êtes parvenus à suivre les anciens de fort près ; mais que ne fait pas craindre après vous, messieurs, la mobilité de l'esprit humain? Peut-être, avant un siècle révolu, verra-t-on l'opinion altérer ou changer à son gré les idées simples du beau, de la nature et du vrai ; peut-être le législateur de notre Parnasse sera-t-il le premier en butte à la malignité des zoïles futurs. Corneille et son rival séduisant, ainsi que vous, Molière, vous aurez fait revivre en vain Sophocle, Euripide, Plaute et Térence ; l'antique simplicité déplaira. Le goût recherché, l'affectation de l'esprit, poursuivis avec persévérance par Despréaux, renaîtront des cendres mal éteintes des Benserade et des Brébeuf. »

La note de Bernier s'arrête ici, et je termine, faute de plus amples renseignements, la conversation de ces maîtres de notre littérature..... D'ailleurs Molière vient de se lever, car on entend sonner l'heure du spectacle à l'horloge de la Magdeleine.

Et maintenant, si l'on tient à savoir quels étaient les vins en usage dans les tavernes que je viens de nommer, *le Pèle-rin du Parnasse* va vous l'apprendre :

« Dans tous ces cabarets, dit Apollon, on vous présentera plusieurs sortes de vins; on vous fera taster de celuy d'Orléans, d'Aix, de Ruel, de Gascoingne, de Bourgoingne, et plusieurs autres qu'ils sçavent mieux vous nommer que moy. Surtout faictes caresse à monsieur le Bourguignon, surtout à celuy de Beaune. C'est un vin qui n'a point son pareil. Tout celuy que l'Espagne nous peut fournir, encores qu'il soit vray sainct-martin, malaga ou riba-davia, ce n'est rien que du vin de croche-teurs au prix du bon vin de Beaune.

« L'Italie, avec toutes ses délicatesses, n'en a point qui puisse égaler sa bonté. C'est folie que Rome se vante de son doux albano, du lacryma-christi, du greco, du chiarello, du telvider, du gentzano; ce n'est que du romanesco à huict qua-trins la fogliette à l'égal du bon vin de Beaune.

« Le moscatel de Montefiascone, celui d'Orvietto, le moncaler de Piémont, la malvoisie de Candie, le clignenberg de Franconie, le bacchara du Rhin, le mus-

cat de Frontignat et le grave de Gascoingne, quoy qu'ils soient assez estimés partout, si est-ce néanmoins que je ne trouve
point qu'ils aient d'assez bonnes qualitez
pour aller de pair avec le bon vin de
Beaune. »

FIN.

2820 — Paris, imp. Jouaust, rue S.-Honoré, 338.

## *BIBLIOTHÈQUE ORIGINALE.*

Cette bibliothèque est tirée sur grand papier
de fil vergé (quelques exemplaires sur papier
de Chine et chamois), en caractères elzévi-
riens, avec couverture papier *à escargots vieux
style*, du format in-32 raisin.

---

# LES MYSTIFICATIONS

DE

# CAILLOT DUVAL

Avec un choix de ses lettres les plus étonnantes,
suivies des réponses de ses victimes.

Introduction et éclaircissements par Lo-
RÉDAN LARCHEY. Eau-forte de FAUSTIN
BESSON. 1 vol. . . . . . . . . . 3 fr.

Sous le pseudonyme de CAILLOT-DUVAL, deux
plaisants grands seigneurs (de Fortia de Piles et de
Boisgelin) ont berné, vers la fin du XVIII$^e$ siècle, une
bonne partie du monde parisien. A l'actrice, au fa-
bricant, à l'homme de lettres, au magistrat même,
ils écrivaient des lettres fort comiques qui leur va-
laient des réponses plus comiques encore. Leur recueil, devenu fort rare, forme le monument le plus
récréatif qu'on puisse élever en l'honneur de la cré-
dulité humaine.

---

# FRÉRON

ou

## L'ILLUSTRE CRITIQUE

Par Ch. Monselet. — 1 vol. augmenté d'un frontispice à l'eau-forte d'Ed. Morin. . . . . . . . . . . . . . . 3 fr.

Fréron, c'est l'avénement du journalisme moderne, avec sa grandeur, sa persévérance et ses misères. Une étude était due à cet homme qui sut résister à Voltaire, et qui, pendant plus de trente années, put maintenir une feuille critique en un temps où l'amour-propre blessé était plus dangereux qu'aujourd'hui. Ch. Monselet, dont la plume délicate et fine excelle en ces retours aux curiosités du passé, nous fait apprécier dans cette étude le rédacteur de *l'Année littéraire*, qui était assurément le précurseur des G. Planche et des Veuillot.

---

# PÉTRUS BOREL

## LE LYCANTHROPE

Sa vie, — Ses écrits, — Sa correspondance, — Poésies et documents inédits, par Jules Claretie; frontisp. avec portrait à l'eau-forte de Ulm. 1 vol. 3 fr.

Les chercheurs et les lettrés y trouveront leur compte. Ce Pétrus Borel, cet excentrique merveilleux, ce tirailleur acharné des batailles romantiques, qui osa de son vivant écrire ceci : « Pétrus Borel s'est

« tué ce printemps ; prions Dieu pour lui , afin que
- « son âme, à laquelle il ne croyait plus, trouve merci
« devant Dieu ; » cet irrégulier des lettres, cet auda-
cieux, ce révolté est ici peint sur le vif, d'après des
documents et des souvenirs irréfutables. L'auteur a
fait causer ceux qui avaient connu Pétrus Borel ;
Théophile Gautier lui a donné de précieux renseignements sur ces *vaillants de* 1830 ; il a pu, dans
des papiers de famille , retrouver quelques opuscules
dignes de mémoire ; il a recherché les œuvres éparses
de Borel, les a réunies, et de ces recherches et de ces
conversations est né ce volume publié aujourd'hui.—
On y trouvera, outre la biographie de celui qui s'ap-
pelait le *Loup-Cervier*, l'analyse détaillée de ses ouvrages. Enfin , ce livre est en quelque sorte un chapitre de notre histoire littéraire des plus ignorés et
des plus attachants , et que voudront connaître les
érudits et les curieux.

---

# L'HISTOIRE

### DU SIEUR ABBÉ

## COMTE DE BUCQUOY

### SINGULIÈREMENT

Son Évasion du For-l'Évêque, par M<sup>me</sup> Du
Noyer. — Avec préliminaire et appen-
dice biographiques et bibliographiques.
1 vol. . . . . . . . . . . . . .   3 fr.

---

# LA VÉRITÉ

SUR LA

## MORT D'ALEXANDRE LE GRAND

PAR E. LITTRÉ

———

LA

## MORT DE JULES CÉSAR

PAR NICOLAS DE DAMAS

*Frontispice avec portraits à l'eau-forte de Ulm*
*1 vol., 3 fr.*

Ce volume se compose de deux morceaux d'un très-grand intérêt historique et littérairement très-remarquable : *la Vérité sur la mort d'Alexandre le Grand*, par Littré, de l'Institut, qui prouve que ce conquérant, contre la croyance commune qui le fait succomber au poison, est mort des fièvres paludéennes, et *la Mort de Jules César*, par Nicolas de Damas, historien contemporain du fait, dont il ne reste que ce beau fragment, retrouvé depuis peu et devenu célèbre.

L'une et l'autre partie du livre sont précédées de préfaces qui mettent le lecteur de plain-pied avec le sujet, et suivies de notes et d'éclaircissements.

Les notes de *la Mort de Jules César* résument tous les récits des historiens anciens sur ce grand événement.

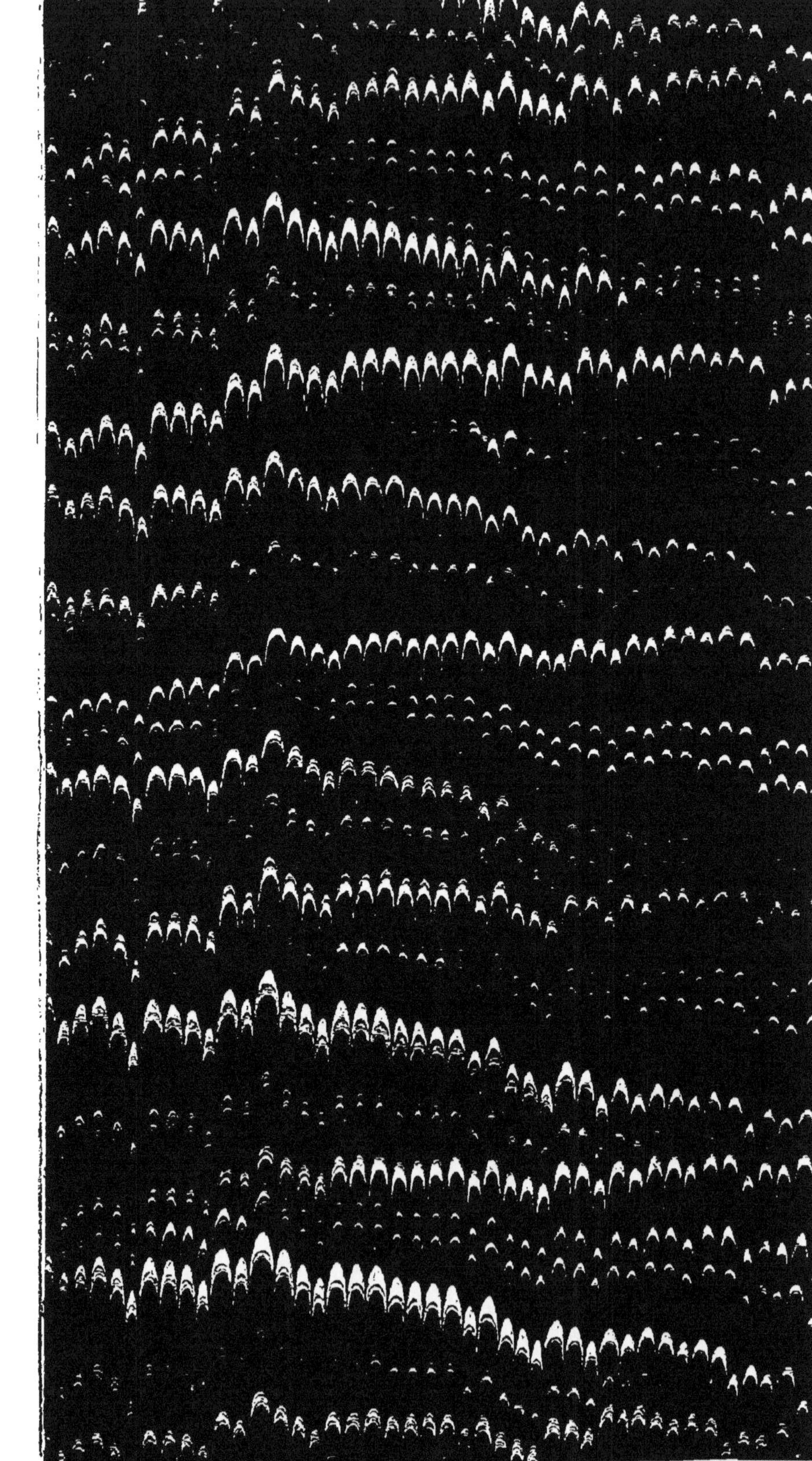

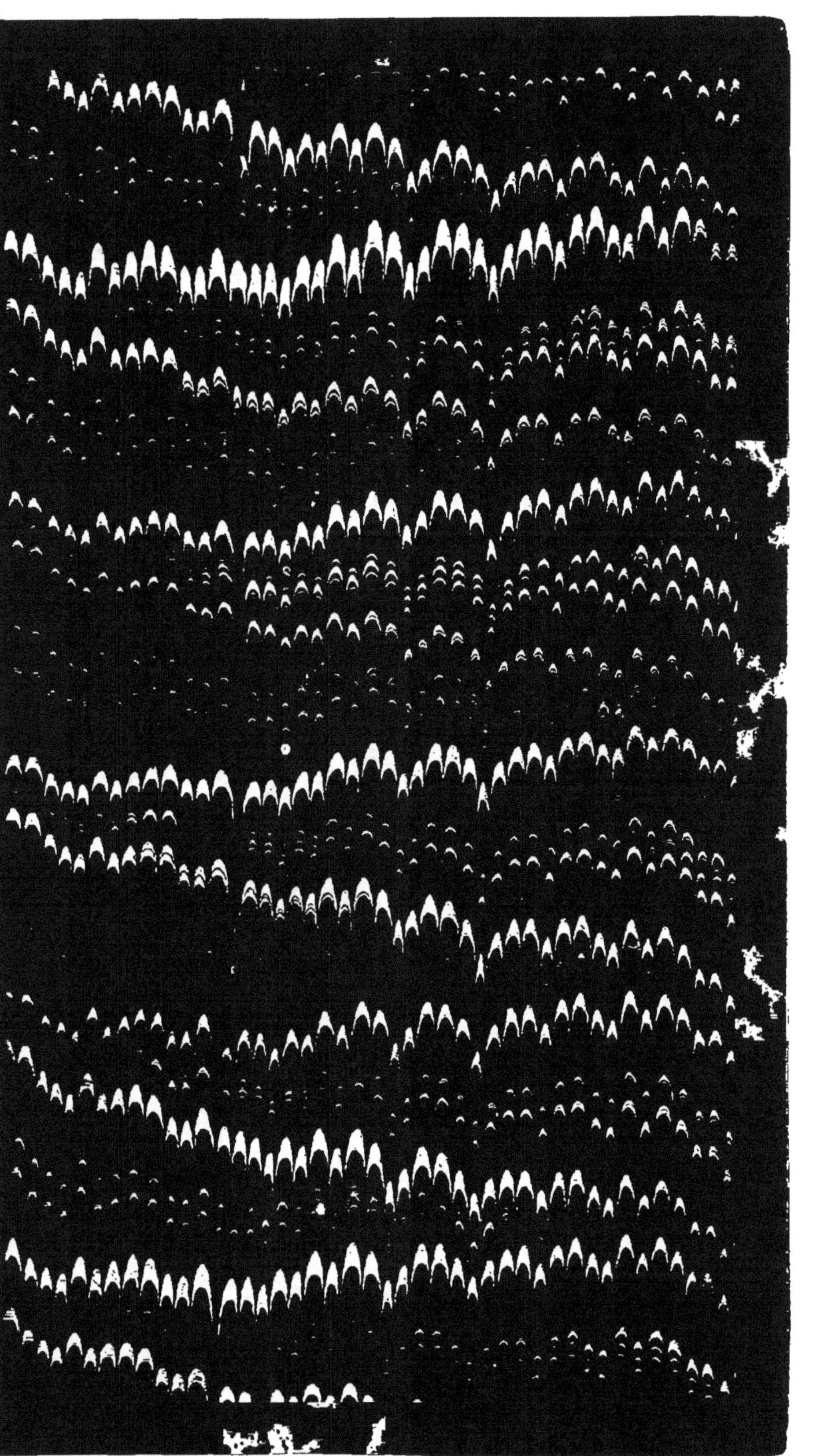

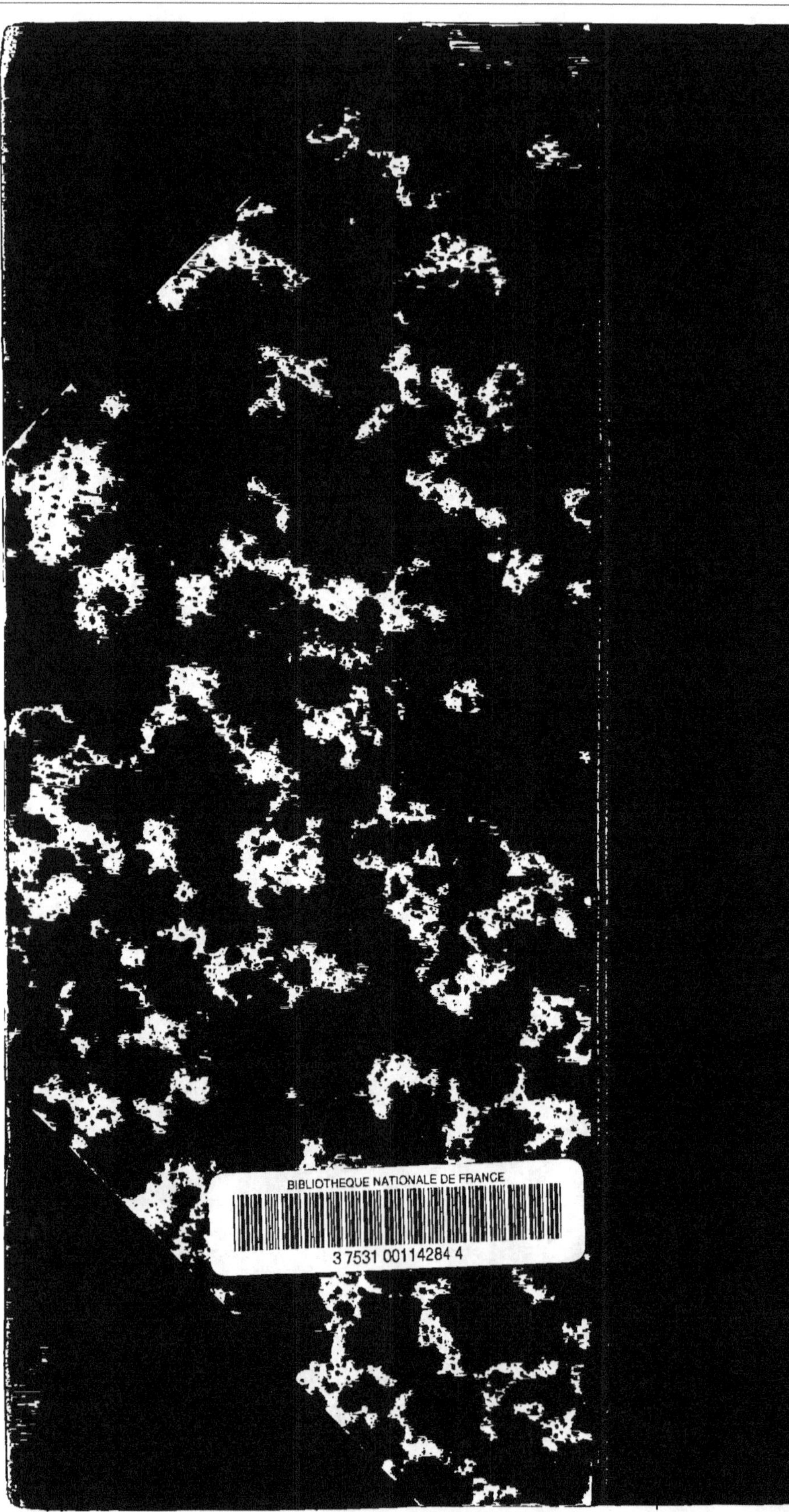

BIBLIOTHEQUE NATIONALE DE FRANCE
3 7531 00114284 4

www.ingramcontent.com/pod-product-compliance
Lightning Source LLC
Chambersburg PA
CBHW051237070726
47594CB00013B/413